나이 들어도
내겐 영원히
강아지

나이 들어도 내겐 영원히 강아지

우스키 아라타 지음

박제이 옮김

청미

머리말

의료 기술이 비약적으로 발전함에 따라 사람의 수명이 크게 늘어났다. 하지만 속을 들여다보면, 단순히 목숨만 연명하는 치료도 늘어서 사람이 사람답게 자연스레 죽는 기회를 빼앗긴 면도 있다. 가족들은 '어느 시점에 치료를 포기해야 할지, 혹은 그만둬야 할지'를 알기 어렵게 됐다.

'사람의 목숨은 지구보다 무겁다.'라는 말은 아직 의료 기술이 발달하지 않은 시기에 전력으로 치료해도 사람이 줄줄이 죽어나가는 시대에 통용되던 생각이다. 전쟁으로 사람의 목숨이 헌신짝보다도 가벼이 여겨지고 스러져간 것에 대한 반동으로 생겨난 '듣기 좋은 말'이다. 지금은 모든 목숨을 전력으로 치료하려면 자금도, 물자도, 일손도 절대적으로 부족하다.

인간 세계에서 이는 매우 민감한 문제다. 의료 현장에서 자칫 치료를 적당히 했다가는 살인죄를 물을 수도 있다. 의사나 가족 모두 확실히 말로 하기를 꺼리면서도 암암리에 '어디까지 하실 생각인가요?', '더 하실 건가요?'라고 상담하면서 치료 방침을 결정한다.

사람은 대부분 가족의 죽음을 그리 여러 번 경험하지는 않기 때문에 가족이 생의 마지막 순간을 맞이했을 때 '조금 더 빨리 이렇게 할걸 그랬어.', '그걸 준비해뒀어야 했어.' 등 경험 부족으로 인한 후회가 자연스럽게 따라온다.

생물로서 자연스럽고도 존경할 수 있는 원만한 죽음, 고통이 없는 평온한 죽음을 바라는 것은 누구나 마찬가지다. 그러나 인간 세계에서는 법률이나 준비 부족이 그것을 자주 방해한다.

하지만 반려동물의 의료 세계에서는 수의사와 반려인이 충분한 상담을 통해 '가장 좋다'고 생각되는 합리적인 선택지를 고른다. 인간의 죽음만큼 다루기 어려운 화제가 아니기 때문에 굳이 말을 돌려가며 하지 않고 직접적으로 이야기할 수 있다.

인간을 치료하는 의사와 마찬가지로 수의사도 수많은 노화와 죽음을 목도한다. 따라서 그 선택지의 의미를 잘 알고 있다. 그러므로 눈치 볼 것 없이 수의사에게 적극적으로 상담하기 바란다.

살아 있는 존재는 언젠가 반드시 죽는다. 목숨은 물론 중요한 것이지만 돈과 노력을 무한대로 쏟아부을 수는 없다면, 반려인이 쓸 수 있는 자금과 힘을 가장 효율적으로 배분해야 한다. 표현이 조금 그럴지도 모르지만 '후회가 남지 않는 멋진 죽음'을 향해 궤도를 수정하는 것도 담당 수의사의 중요한 역할이다.

졸저 『내 강아지 오래 살게 하는 50가지 방법』에서는 반려인들에게 자주 듣는 질문이나 조언을 개의 라이프 스테이지(Life Stage : 생애 단계) 전반에 걸쳐 두루 다뤘다. 하지만 최근 들어 인간은 물론, 반려동물 또한 고령화가 심화되어 반려인들의 질문 내용도 자연스레 중년과 노년

스테이지 이후에 집중되는 경향이 있다.

그런 필요에 부응하고자 '매일같이 진료실에서 말하는 내용을 바탕으로 책을 한 권 더 내볼까?' 하는 마음으로 이 책을 쓰기 시작했다.

전반에는 노화에 관한 사고방식과 앞으로 만나게 될 가능성이 큰 노화 현상과 병에 관하여 알기 쉽도록 정리했다. 지나치게 구체적이고 자세한 예외 사항은 설명을 생략하고 전체상을 파악하기 쉽도록 내용을 구성했다. 후반에는 중년과 노년부터 병 수발을 해야 하는 시기까지, 미리 알아두어야 할 포석, 부딪혀보고 처음으로 불거져 나온 현장의 의문, 그리고 그에 대한 대처법을 소개했다.

이런 것들을 미리 알아두면 마지막 순간에 당황하거나 후회하는 일이 크게 줄어들지 않을까 생각한다.

2018년 1월
우스이 아라타

차례

제 1 장

개 노화의 기초 지식

'노화'란 무엇일까? '질병'과는 무엇이 다를까? 개는 몇 살이 되면 '노화'를 의식하고 주의를 기울여야 할까? 제1장에서는 반려인이라면 꼭 알아두어야 할 '개의 노화'에 관한 기초적인 지식을 소개하겠다.

질병과 노화의 차이는?
- 늙어서도 쾌적한 삶을 누릴 수 있다.

질병이란 동물의 몸을 구성하는 세포, 혹은 그 집합체인 조직, 장기, 전신이 어딘가 안 좋아지는 것을 말한다. 다만, 딱히 문제가 없다 하더라도 세포는 언제나 조금씩 새로운 세포로 바뀐다.

하지만 새로운 세포라 해도 유전자 수준에서는 나이에 상응하는 세포가 만들어지는 것이라 아이처럼 탱탱한 피부 세포가 만들어지거나 하지는 않는다.

세포뿐 아니라 전신의 대사를 조절하는 호르몬 기능 등도 노화한다. 그러나 자세한 메커니즘은 아직 연구 중이고 명확히 밝혀지지 않았다.

질병은 **노화와 관계없이 발생하는 것과 건강하더라도 노화에 따른 기능 저하로 인하여 반쯤은 운명적으로 자연스레 발생하는 것**이 있다. 이것이 동시에 발생했다면 당연히 치료나 관리가 더욱 어렵다.

나이가 많은 반려동물을 진료하다 보면 '늙어서 그런 건가요? 늙은 거 맞죠? 그럼 어쩔 수 없겠네요. 치료해도 소용없겠죠?'라고 말하는 반려인을 종종 본다.

물론 나이가 너무 많다면 어떤 치료를 해도 그다지 증상이 나아지지 않는다. 하지만 그건 해보지 않으면 알 수 없다. **아무것도 하지 않고 포기하는 것은 결론을 성급하게 내리는 일이다.**

평소의 생활 습관을 교정함으로써 어느 정도는 노화를 늦출 수 있다. 늙었다고 꼭 질병을 못 이겨내는 것도 아니다.

노화가 주원인인 몸의 병을 완치까지 끌고 가기란 쉽지 않다. 담당 수의사와 제대로 상담하여 QOL(Quality Of Life), 즉 **생활의 질을 유지하**

면서 마지막 순간까지 행복하게 살기 위한 대책을 세우기 바란다.

면서 마지막 순간까지 행복하게 살기 위한 대책을 세우기 바란다.

개의 평균 수명은 약 15세. 일본인의 평균 수명은 약 84세. 개의 1년은 사람의 5.6년에 해당한다. 만약 여러분이나 여러분의 가족이 '앞으로 5년 반 동안 더 살 수 있는 기회가 있다.'라는 말을 들어도 치료를 그만둘 것인가?

대형견은 1세부터 노화에 주의한다
- '너무 빠르다'고 생각하면 안 된다

개·고양이의 나이를 사람의 나이로 환산한 표가 있는데(오른쪽 페이지 참고), 개는 체격에 따라 평균 수명이 크게 달라진다.

소형견의 수명은 16~18세지만, 레브라도 레트리버나 골든 레트리버 등의 대형견은 11~13세(병사를 포함하면 더욱 짧아질 것이다.), 세인트버나드 같은 초대형견은 8세 전후다.

수의사 수련 시절에 선배 수의사에게 들은 말이 있다.

'대형견은 모든 게 다 빨라. 1세를 넘으면 이미 어린 개체라고 생각해선 안 돼. 마취에 대한 위험이나 종양 의심을 가볍게 여기다간 큰코다칠 거야.'

이 말은 지금도 머릿속에 아로새겨져 있다. 이 책의 주제인 '노화'라고 할 정도의 나이는 아니지만, 많은 문제는 생명력이 넘치는 어린 시절보다는 성견이 된 후에 발생한다. '아직 어리니까 큰일은 없겠지.' 하고 방심하는 것은 특히 대형견에게는 더욱 위험하다. 드물긴 하지만 2~3세라도 종양이 생기거나 1세를 조금 넘겼을 뿐인데 자궁축농증에 걸린 개를 본 적이 있다.

내 경험으로는 젊음의 힘으로 활기차게 사는 시절은 소형견이라면 3세, 대형견은 1세까지다. 인간으로 치자면 태닝 숍을 다니다가 안 다니면 젊은 나이라면 금세 새하얀 피부로 돌아갈 정도의 나이대다. 이런 것이 가능한 것도 10대까지고, 20대가 되면 어렵다는 말이다.

몸집이 큰 데다 피부가 약한 견종, 예를 들어 세인트버나드, 불도그,

샤페이 등은 1세를 넘기면 그때까지 말짱하던 피부가 갑자기 말썽을 일으킨다. 이들 견종은 **피부염을 케어하기 위해 상당히 많은 자금과 시간**을 들일 각오를 한 후에 키워야 한다.

🦴 개와 인간의 연령 대조표

개(소형~중형)	인간
1개월	1세
2개월	3세
3개월	5세
6개월	9세
9개월	13세
1년	15세
2년	24세
3년	28세
4년	32세
5년	36세
6년	40세
7년	44세
8년	48세
9년	52세
10년	56세
11년	60세
12년	64세
13년	68세
14년	72세
15년	76세
16년	80세
17년	84세
18년	88세
19년	92세
20년	96세

개(대형)	인간
1개월	1세
2개월	3세
3개월	5세
6개월	7세
9개월	9세
1년	12세
2년	19세
3년	26세
4년	33세
5년	40세
6년	47세
7년	54세
8년	61세
9년	68세
10년	75세
11년	82세
12년	89세
13년	96세

소형~중형견의 3년 차 이후
1년에 15살, 2년에 24살, 3년 차 이후는 1년에 4살 나이를 먹는다.
인간의 나이 = 24 + (개의 나이 − 2) × 4

대형견의 2년 차 이후
1년에 12살, 2년 차 이후는 1년에 7살 나이를 먹는다.
인간의 나이 = 12 + (개의 나이 − 1) × 7

※실제는 견종, 사육 환경 등에 의해 개체차가 크므로, 어디까지나 기준표에 불과하다.
참고 : 『소동물의 임상영양학Ⅲ』(일본 힐스 콜게이트 내. 마크 모리스 연구소 연락사무국)

소형견은 5세까지는 너무 걱정하지 않는다

– 5세를 넘으면 정기 검진을 시작하자

나이를 먹으면 병에 걸릴 확률이 높아진다.

5세라는 경계선은 명확하게 정해져 있는 것이 아니므로 수의사마다 견해 차이가 다소 있을 수 있다. 하지만 나이에 맞춰 점점 긴밀하게 건강 체크 체제를 갖춰나가는 것을 추천하는 점에는 이견이 없다.

사람의 경우 생애 의료비 대부분이 50~60대 이후에 집중적으로 소비되는데, 이는 개의 경우 대형견은 6~7세 이후, 소형견은 10세 이후에 해당한다.

1세 전후에 중성화 수술을 한 개는 이 무렵에 한 번 엑스레이와 혈액 검사를 하는 일이 많다. 이때의 데이터를 건강할 때의 기준치로 삼아 진료 기록 카드에 기록한다.

하지만 중성화 수술을 하지 않더라도 비슷한 시기에 한 번이라도 검사해두는 것이 좋다. 표면적으로는 증상이 나타나지 않았다 하더라도 이 시기에 선천성 질환이 발견되는 일이 그리 드물지 않기 때문이다.

1세 검사에서 문제가 발견되지 않았다면 우선 얼마간은 안심해도 좋다.

다만 선대가 조기에 중병으로 죽었다면 1세부터 1년마다 검사하는 경우도 있다.

이런저런 사정을 고려하여, 반려인이 특별히 검사를 희망하지 않고 외견상 건강해 보이는 개라면 일반적으로 **5세 무렵부터 반년에 한 번 정도 정기 검진을 받기를 추천**한다.

어리더라도 외이염, 아토피성 피부염, 벼룩 알레르기성 피부염, 치주염 등은 자주 발견된다. 물론 반려인은 눈치채지 못한다. 1년에 한 번 정기 검진을 하면 이런 병이 반년 이상 방치될 우려가 있다.

강아지 시절에 이런 병을 방치하면 나이가 들어 귀길이 만성 염증으로 완전히 막혀서 귀길 전부를 적출해야 할 수도 있고, 아토피로 피부가 태선화(苔癬化)*되어 2차 감염인 말라세지아 냄새가 나거나 치아의 건강이 나빠져서 기운을 잃기도 한다. 치주병은 만성통이라 알아차리기 어렵지만 발치 후 '마치 다른 개처럼 건강해졌다.'라며 놀라는 반려인도 많다. **나이 들어서도 건강한 삶을 살려면 강아지 때부터 정기 검진을 받는 것이 중요**하다. 한편, 대형견은 3세 무렵부터 반년에 1번 정도 정기 검진을 받기를 추천한다.

수의학계의 많은 전문서에서도 1년에 두 번의 검사를 추천한다. 때로 '1년에 두 번 검사받으면 괜찮은 건가요?'라는 질문을 받을 때도 많지만, '괜찮다'고 단언할 수는 없다. 극단적으로 말하자면 매월 정밀 검사를 받아야 한다. 하지만 실제로는 그렇게 할 수 없기에 많은 수의사가 연 2회(정 어렵다면 연 1회)의 검사를 추천하는 것이다.

한편, 선대가 큰 병에 걸리지 않고 15~16세까지 산 후에 노쇠하여 죽은 경우, 반려인이 검사에 소홀해지는 경우가 많다. 하지만 이번 대에도 선대와 같은 운명을 걷게 될 것이라는 보증은 없으므로 꼭 정기 검진을 받도록 하자.

혈액 검사나 엑스레이 검사는 비용이 들므로, 그 전에 우선 온몸을 시진(視診)과 촉진(觸診)으로 체크한 후, 평소의 생활 속에서 신경 쓰였던 것에 관해 이야기하는 것만으로도 충분하다. 대화를 나누다 '마음에 걸리는 것이 있으면 혈액 검사나 엑스레이 검사를 한다.'라는 2단 구조로 진행하면, 매번 무조건 '10만 원 이상이 드는 일'은 피할 수 있다.

---

* 〈저자 주〉 만성 염증이나 자극이 원인이 되어 피부가 뻣뻣해지고 퍼석퍼석해지는 것.

반려인의 판단으로 통원을 그만둬서는 안 된다

- 호전되었던 몸 상태가 악화할 수 있다

낫기만 하면 그 후에는 딱히 아무것도 하지 않아도 되는 병이 있다. 예를 들어 일시적인 설사나 외상은 나으면 기본적으로 그걸로 끝이다. 하지만 낫는 병이 아니라 계속 관리해야 하는 병도 있다. 이런 경우, 치료를 줄일 수는 있겠지만 끊어서는 안 된다.

예를 들어 체질적인 만성 피부염이나 내장의 기능 저하 치료, 종양으로 인한 항암제 투여 등을 들 수 있다. **관리해야 하는 병은, 치료를 통해 어느 정도 개선이 되더라도 아무것도 하지 않으면 다시 악화**된다.

언젠가 만성 외이염을 앓는 래브라도 레트리버를 키우는 반려인에게 '2~3주에 한 번은 치료받으러 오셔야 해요.'라고 말하고 돌려보낸 적이 있다. 그런데 그렇게나 '다시 오라고' 했는데 오지를 않았다. 전혀 오지 않았다. 그렇게 석 달이나 방치하더니 상태가 상당히 악화한 후에야 병원을 찾아왔다. 안타깝게도 이런 반려인이 상당히 많다. 잘 알아듣도록 설명했음에도 이런 반려인의 머릿속에는 '나았다' → '더는 안 와도 된다.'라는 이미지밖에 남지 않는 듯하다.

병이 걸렸을 때의 초기 치료에는 비용과 시간이 많이 소요된다. 괴로워하는 개를 빨리 편하게 해주기 위해 조금 비싼 약을 사용할 때도 있다. 그렇게 겨우 병을 안정시켰는데, 방심해서 오래 방치하면 다시 처음으로 되돌아가버리는 건 한순간이다. 염증은 초기 급성기에 솜씨 좋게 후딱 치료하는 것이 중요하다. 하지만 지속적인 치료를 게을리하면 상태가 악화되고 만성화된다. 이렇게 되면 완치는 불가능하다. 다만, 이미 만성화된 경우에도 치료를 지속함으로써 좀 더 높은 삶의 질을 유지할 수 있다.

수의사도 바쁠 때는 종종 말하는 것을 잊어버릴 수 있다. 그러니 '이제 병원에 그만 와도 되는지', '재발이 예상되는지', '집에서는 어떻게 신경을 쓰고, 어떤 상태가 되면 재진을 받아야 하는지'를 명확하게 물어보자. 들은 것을 잊지 않기 위해 메모도 잊지 말아야 한다. 잊어버리기 전에 가족들과 정보를 공유하는 것도 중요하다.

특히 노령기의 병이라는 것은 **'얼마나 적절하게 제어하여 큰 문제로 발전되지 않도록 억제할 것인지'**가 중요한 경우가 많다. 어렸을 때와 비교하여 수고와 돈이 드는 것은 사람의 노령기와 마찬가지다.

사람이라면 말로 불만을 표현할 수 있지만, 늙어서 쇠약해진 개들은 특히 의사 표현 능력이 낮아진 상태다. 아무런 표현도 없이 잠을 잔다고 해서 쾌적한 상태이며 만족하고 있다고는 단정할 수 없다. 따라서 **반려인이 관찰한 세세한 정보와 수의사의 지식·판단을 자주 대화하며 나누지 않으면** 개를 제대로 돌볼 수 없다.

🦴 잘못된 확신에 주의할 것

얼핏 봐서는 건강해 보이지만, 내장의 기능이 저하되어 있거나 암이 재발한 예도 많다.

일본의 반려견 현황
- 줄어드는 반려견 수, 진행하는 고령화

일본 전국에서 반려견은 고령화가 심화되고 있다. 그 이유로 과거와 비교하여 개를 '가족의 일원'으로서 소중히 키우는 사람이 늘어났다는 점, 동물 의료의 발전을 꼽을 수 있으리라. 개가 오랫동안 살 수 있게 된 것은 물론 대단한 일이다.

2015년 일반사단법인 펫푸드 협회의 조사 결과에 따르면 개의 평균 수명은 14.85세로, 2014년의 14.17세보다도 조금 길어졌다. 특히 **수명이 긴 개는 초소형견과 소형견이다.**

점점 줄어드는 반려견 수

다음으로 반려견 수를 살펴보자. 사실 일본에서 반려견의 수는 매년 줄어들고 있다. 2011년에는 1,193만 6,000마리였지만, 2015년에는 991만 7,000마리까지 줄었다.

짐작할 수 있는 이유는 우선 키우던 개가 죽으면 새로운 개를 들이지 않기 때문이다. 나중에 설명하겠지만 **'지금 키우는 개가 죽으면 이제 다시는 키우지 않겠다.'**라고 생각하는 사람이 많다. 이는 일본인의 고령화와 밀접하게 관련되어 있다. 앞서 말했듯, 반려견은 보통 15년을 산다. 만약 70세에 키우기 시작했다면 그 반려견이 죽을 때 반려인은 85세다. 반려인 자신이 고령이 되면 개를 제대로 보살필 자신이 없기에 주저하는 것이다(이것은 성인의 책임 있는 태도로서 무척이나 훌륭한 일이지만). 이것은 반려인의 연령대별 개 사육 현황을 봐도 알 수 있다. 반려견을 키우는 비율이 가장 적은 연령대는 70대. 참고로 가장 많은 것은 50대, 다음은 60대다.

또 하나는 **한창 일할 나이라고 할 수 있는 30~40대가 개를 그다지 키우지 않게 된 것**을 꼽을 수 있다. 특히 출생 수가 매년 200만 명을 넘긴 1971~1974년에 태어난, 이른바 '단카이 주니어 세대*'는 현재 40대다(참고로 저자도 이 연령대에 들어간다.). 현재 일본 인구 구성에서 가장 두꺼운 층을 형성하는 연령대가 개를 키우지 않는다. 단카이 주니어 세대는 2000년 전후의 취업 빙하기에 직면하여 비정규직이 많은 세대다. 어쩌면 개를 키울 여력이 없는 것인지도 모른다.

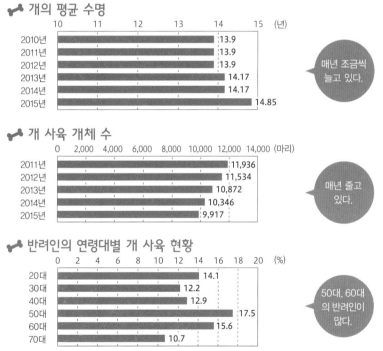

참고 : '전국 개·고양이 사육 실태 조사 결과' 일반사단법인 펫푸드 협회(각 년)

* 〈역자 주〉 제2차 세계대전 직후인 1947~1949년에 태어난 일본의 베이비부머 '단카이 세대'의 자녀 세대.

신체 충실 지수를 기준으로 한 체중 관리

- 직감에 의존하지 말고 제대로 된 지표로 확인한다

'신체 충실 지수(Body Condition Score: BCS)'란 비만한 정도를 구체적인 수치로 표현한 지표를 말한다. 사용되는 지표는 '체중'과 '체지방률' 두 가지다. 하지만 이 두 가지를 가정에서 정확히 재는 것은 어렵다. 따라서 아래 표를 참고하여 우리 집 개의 신체 충실 지수를 파악해보자. 수의사에게 이상적인 체중을 문의하여 체중만이라도 자택에서 관리하기를 추천한다. 참고로 BCS는 개만이 아니라, 고양이, 소, 말, 돼지, 양, 염소 등 다양한 동물에 대해 마련되어 있다.

🦴 신체 충실 지수(BCS)

예상 BCS	체형	상태	체중	체지방률	개요
BCS 1		너무 마름	이상 체중의 85% 미만	5% 미만	명백하게 영양실조. 갈비뼈, 척추, 골반이 깡말랐다. 심각한 소모성 질환에 걸린 개나 말기가 가까운 노견 외, 반려인에 의한 극단적인 다이어트의 피해를 본 개에서 볼 수 있다.
BCS 2		약간 저체중	이상 체중의 85% 이상 95% 미만	5% 이상 15% 미만	조금 마른 상태. 피부밑 지방이 얇으며, 만지면 갈비뼈가 울퉁불퉁하게 만져진다. 현역에서 활동 중인 하운드 등의 주인이 이 정도의 체형으로 조절하는 경우도 있지만, 가정에서 키우는 개라면 조금 더 살이 쪄도 된다.
BCS 3		이상 체중	이상 체중의 95% 이상 105% 미만	15% 이상 25% 미만	정상적인 상태. 갈비뼈의 단차는 만지면 손에 만져질지 만져지지 않을지 하는 수준. 잡지에 나오는 경연 대회의 개는 대개 이 정도의 체형이다.
BCS 4		약간 과체중	이상 체중의 105% 이상 115% 미만	25% 이상 35% 미만	조금 뚱뚱한 편. 이 수준의 개는 길거리에서 자주 볼 수 있다. 하지만 결코 바람직한 모습은 아니다. 하복부는 조금 칠칠치 못하게 늘어져 있다. 만졌을 때의 느낌이 좋기에 반려인이 다이어트시키지 않는 경우도 있다.
BCS 5		비만	이상 체중의 115% 이상	35% 이상	명백하게 뚱뚱하다. 경단에 손과 발이 자라난 것 같은 실루엣으로, 꽤 깊이 손을 넣지 않으면 갈비뼈를 만질 수 없다. 등은 군살 때문에 평탄해지며, 컵을 얹고도 떨어뜨리지 않고 걸을 수 있기도 하다. 사지의 골격에 큰 부담이 가고, 걷는 것을 비롯하여 모든 동작이 무겁다.

참고: 『소동물의 임상영양학 제4판』(가쿠소샤)　　　　　※체중과 체지방률은 기준치.

제 **2** 장

노견이 걸리기 쉬운 병과 치료

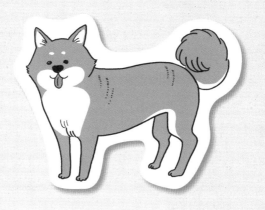

나이 많은 개가 걸리기 쉬운 병이 있다. 암이 대표적이다. 노견이 걸리기 쉬운 병을 반려인이 알고 있으면, '혹시?'라고 깨닫게 될 확률이 높아진다. 병명만이라도 머리 한쪽에 넣어두도록 하자.

노견은 병에 걸리기 쉽다

제2장
1
- 수명이 늘면서 암 발병률도 늘었다

선천성 질환, 갑작스러운 부상, 이물질 섭취 등을 제외하면, 나이를 먹음에 따라 온몸의 모든 기능이 떨어지는 과정에서 다양한 질환의 발생률이 높아진다. 또한, 어렸을 때는 드러나지 않던 선천성 질환의 증상이 나타나서 중년과 노년에야 비로소 알게 되는 경우도 종종 있다.

근육, 인대, 연골, 뼈 등의 운동기 계열은 나이를 먹음에 따라 유연성과 강도를 잃으며, 대수롭지 않은 충격에도 손상을 입는다. 내장 기능도 저하되고 건강 진단에서 **심장, 폐, 위, 신장, 간** 등에서 이상 수치가자주 나타난다.

감각을 담당하는 **눈, 귀, 코**의 기능도 나빠지고, 특히 개는 백내장이당연한 듯 발생하게 된다.

면역력도 떨어지고 **상처**나 **피부염**이 쉽게 낫지 않으며, 바이러스나 세균의 감염을 이겨내지 못하게 된다.

또한 개뿐 아니라 동물의 몸 세포는 분열할 때 언제나 몇 개의 '실패작'을 낳는다. 이들 실패작은 보통 자기 자신의 면역에 의해 곧바로 죽는다. 그러나 노화로 면역력이 떨어지면 실패작이 그대로 살아남아서증식할 확률도 높아진다.

이것이 **암**(악성 종양)의 시작이다(2-4 참조). 딱히 잘못된 생활을 하지않더라도, **노화 그 자체가 종양 발생률을 높이는 것이다.**

제2장에서는 주로 나이를 먹음으로써 일반적으로 발병 확률이 높아지는 대표적인 병을 정리했다. 또한 제3장에서는 노쇠 자체가 질병의수준에 도달하는 예를 정리했다.

🦴 개의 노화가 나타나는 주요 부위

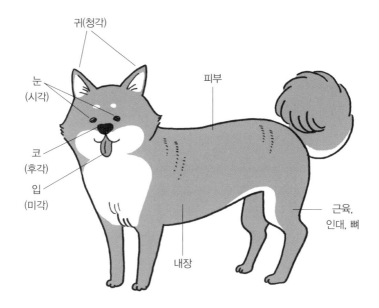

나이를 먹으면 감각기의 기능이 쇠퇴한다. 또한, 근육이나 인대, 연골, 뼈, 피부 등도 약해진다. 암(악성 종양)이 발생할 확률도 높아진다.

왼쪽은 6세의 시바견, 오른쪽은 15세가 된 같은 개. 어렸을 때는 복슬복슬했던 털이 풍성함을 잃었고 색도 옅어졌다.

제2장

2 숙명적으로 약한 순종견
– 피가 진한 개는 나이를 먹으면 문제가 잦다

　흔히 잡종견이라고 불리는 혼종견은 그렇지 않지만, 모든 종류의 순종견은 뭔가의 유전병을 품고 있다.

　개는 사람을 잘 따르고 다양한 일을 해내므로 약 15,000년 전부터 사람의 손에 키워졌다.

　처음에는 사냥을 도왔다. 인류가 목축을 시작한 후에는 가축을 지키는 개, 그 후에는 집 지키는 개 등 목적이 세분화되었다. 그 시대의 사람들은 각각의 목적에 맞춰 '적합한 특징을 지니고 태어난 개를 모아 교배를 반복함'으로써 그 특징을 두드러지게 만들었다.

　이렇듯 사람의 손에 의해 목적에 맞춘 특징을 지닌 개들이 태어났다. 그렇게 견종이 세분화되었다. 가령 다리가 길고 민첩성이 뛰어나거나, 장시간 걸을 수 있거나, 몸이 커다랗고 싸움에 적합하거나.

　하지만 **한쪽으로 치우친 교배를 반복하여 결점 또한 강해지고** 말았다. 그리고 어느새 이들 순종견은 인간이 바라는 목적에 합치되는 능력은 매우 우수한 반면, 공통의 약점을 지니게 되었다. 당시에는 인류에게 유전병을 자세히 조사하는 기술이 없었기에 잠재된 결점이 드러나지 않은 채 부지불식간에 그 약점이 점차 강해진 것이다.

　예를 들어 카발리에 킹 찰스 스패니얼이나 몰티즈의 대부분은 노령기에 심각한 심장병이 발병한다. 또한, 닥스훈트나 웰시코기는 'X자 다리'처럼 다리가 휘는 일이 많다(오른쪽 페이지 일러스트 참조).

　이들의 유전병은 크게 다음 두 가지 유형으로 분류된다.

① 강아지 무렵부터 이미 존재하지만, 나이를 먹음으로써 점점 악화되어
　증상이 진행되거나 검사를 통해 우연히 표면화되는 것.
② 잡종보다 훨씬 높은 확률로, 어렸을 때는 징조가 없었음에도 나이를
　먹음으로써(가끔은 아직 어린데도) 특유의 병에 걸리고 마는 것.
※ 물론 유전병이 나타나지 않은 채 천수를 누리는 운 좋은 개도 있다.

　어떤 경우든 견종을 통해 어느 정도 예상할 수 있으므로 반려인이
그것을 **중점적으로 경계·관찰**하면서 키우면 증상이 나타났을 때 빠르
게 손을 쓸 수 있다.

🦴 닥스훈트나 웰시코기의 'X자 다리'

유전적으로 다리(무릎 관절)가 내측으로 휠 가능성이 크다. 하지만 견종에 따라 예측할
수 있으므로, 증상이 나타났을 때 빠르게 손을 쓸 수 있다.

예를 들어 저자가 키우던 단두종(이른바 코가 눌린 개)인 프렌치 불도그는 선천성 신장 기형이 있어서 오래 살기 어렵다. 게다가 위의 출구가 오그라드는 **유문 협착증(幽門狹窄症)**이라는 이상 증세도 있었다. 유문 협착증은 나이를 먹으면서 점차 진행하는 병이다. 어렸을 때는 문제없이 음식을 먹고 물을 마셨지만 4세 무렵부터는 원인 불명의 구토를 계속하는 바람에 정밀 검사를 통해 처음으로 발견했다.

이는 나중에 조사해서 알게 된 사실이지만 유문 협착증은 단두종에 많이 나타나는 질병이라고 한다. 하지만 그때까지는 그런 개를 본 적이 없었기에 무척이나 놀랐다.

참고로 최근 30년 정도 단두종의 얼굴 길이를 조사한 한 연구에 따르면, '얼굴의 길이가 더욱 짧아지고 있다.'라고 한다. 현재는 30년 전과 비교하여 꽤 짧아졌다. 이것도 **인간의 취향에 맞춰 교배되어왔기 때문**이다.

그 밖에도 근육·골격계의 구조 이상이 있어도 강아지 때는 근력으로 보완할 수 있지만 나이를 먹으면 보완할 수 없기에 보행에 지장이 생기는 예, 면역이 약해서 피부염이 빈번하게 반복되던 강아지가 노령 때문에 치료해도 낫지 않는 강렬한 피부염으로 이행되는 예, 혈액 검사의 수치가 아주 조금 나쁜 정도였을 뿐인데 나이를 먹음에 따라 내장 기능이 크게 저하되는 예 등은 잡종보다도 순종에서 더욱 많이 발견된다.

순종견을 키우는 사람은 그 견종 특유의 약점과 '원래 전체적으로 약하다.'라는 점 **모두를 염두에 두고 조심**하는 것이 중요하다. 특히 이전에 키우던 개가 잡종이고 건강했던 반려인일수록 그 차이에 당황하기 쉽다. 전에 키우던 개의 이미지에 끌려가지 않도록 유념해야 한다.

🦴 유문 협착증

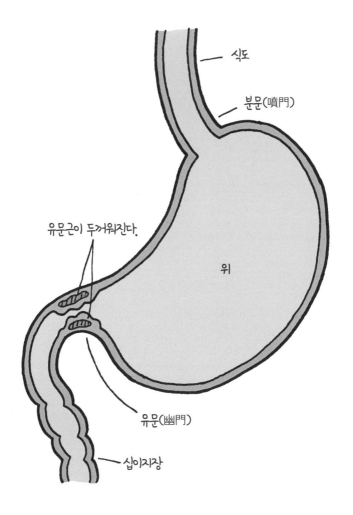

식도

분문(噴門)

유문근이 두꺼워진다.

위

유문(幽門)

십이지장

'유문'은 위의 출구로, 십이지장과 연결되어 있다(위의 입구는 분문). 이곳이 좁아지면 위가 넘쳐서 구토를 하거나 탈수 증상이 일어난다. 만성적인 영양 부족에 의해 몸의 발육도 나빠진다.

양성 종양이란?

– 검사해보지 않으면 모르는 것도 있다

모든 종양이 악성은 아니다. 경우에 따라서는 양성도 있다. 대략 다음과 같은 특징을 지닌 것이 **양성 종양**이다.

- 성장이 느리다.
- 전이*되지 않는다.
- 주변 조직을 먹어치우지 않고, 경계가 확실한 덩어리 형태이다.
- 구성하는 종양 세포가 정상적인 세포에 비교적 가깝다.

종양이 양성인지 악성인지 확정하기 위해서는 통째로 절제하거나 세포를 채취해서 검사 기관에 보내야 한다. 외관을 보고 어느 정도 추측할 수는 있지만 상대는 생물이므로 '절대적'일 수는 없다. 가령 인터넷상의 블로그 등에 올라온 종양으로 보이는 사진을, 수의사가 사용하는 전문서(사진이 잔뜩 실려 있다.)의 사진과 비교해보고는 '똑같이 생겼다.'며 반려인 마음대로 단정해서는 안 된다. **'완전히 다른 악성 질환'**인 경우도 종종 있기 때문이다.

전문서에는 사진이 잔뜩 실려 있지만, 거기에는 '보는 것만으로 판단하지 말 것.'이라고 써 있다. '아마도 괜찮을 것 같기는 하지만 …….'이라고 생각하면서도 혹시나 하는 마음에 세포를 검사해봤더니 실은 악성인 경우도 결코 드문 일이 아니다.

---

* 〈저자 주〉 종양의 세포가 본래 부위에서 혈관이나 림프관을 통해 흘러가서, 멀리 있는 장기에 정착되어 그곳에도 종양을 만드는 것.

처음에는 양성이라고 생각했지만 후에 악성의 움직임을 보일 때도 있다. 하지만 임상 현장에서 악성의 가능성이 크지 않아 보이는 것까지 전부 검사하는 것은 반려인의 사정도 있기에 쉽지 않다. 수의사와 반려인이 상담을 통해 어느 정도까지 검사할지를 결정하게 된다.

발견하기 쉬운 것은 주로 **피부나 외부에서 만져서 판별할 수 있는 것**이다. 여기에는 지방종(脂肪腫)과 유두종(乳頭腫)이 있다. 피부밑에 부드러운 젤리 형태의 말랑말랑한 덩어리가 있거나, 몇 mm의 사마귀 형태로 발견되는데, 이런 것이 있다면 우선 그 **크기, 위치, 개수를 처음 발견했을 때부터 때때로 메모해두어야** 한다.

수의사는 이런 추이를 참고하면서 검사를 할지, 혹은 직접 절제를 해야 할지를 판단하게 된다.

바깥에서 만져서는 알 수 없는 것, 예를 들어 장 폴립 등은 실제로 존재하고 있더라도 사람 정도의 정밀도 높은 건강 진단은 하지 않기 **때문에 발견되지 않은 채 생을 마치는 경우도** 있다.

체내에 있는 것은 사전에 검사하기가 쉽지 않지만, 고액인 CT(Computed Tomography)나 MRI(Magnetic Resonance Imaging)를 통해 검사하거나, 우선 개복 수술을 해서 절제한 후 검사 기관에 보내는 것도 가능하다. 본래, 검사는 반려동물에게 아픔을 주지 않는 범위에서 실시해야 하지만, 항상 그렇게 할 수는 없다는 점이 어려운 부분이다.

검사 결과, 양성이고 '실은 절제할 필요가 없었다.'라는 결론이 나는 경우도 있다. 하지만 그것은 결과론일 뿐, '대단한 게 아니어서 다행이다.'라고 생각하길 바란다.

🦴 양성 종양과 악성 종양

양성 종양과 악성 종양 중, 악성 종양이 암이다. 내버려두면 점점 증식하여 전이되므로 감당할 수 없게 된다.

암(악성 종양)이란?
- 암이 잘 생기는 위치를 알아두자

흔히 말하는 '암'이란 **악성 종양**을 가리킨다. 앞서 말한 양성 종양의 반대라고 할 수 있는 다음과 같은 특징을 지닌다.

- 빠르게 진행한다.
- 전이한다.
- 인접한 조직을 파괴하고 침식한다.
- 세포가 평범한 것과는 크게 다른 형태를 띠고 있다.

상피성 악성 종양을 **암종(癌腫)**이라고 하며, 비상피성 악성 종양을 **육종(肉腫)**이라고 한다. 상피성 악성 종양은 '피부', '체내 소화관', '장기 표면' 등에서 시작하는 암종이고, 비상피성 악성 종양은 '뼈', '근육', '지방', '혈액' 등에서 시작되는 육종이다.

수정란은 세포 분열하여 '외배엽', '중배엽', '내배엽'이라는 덩어리로 나뉜다. 이 중 외배엽과 내배엽은 원래 같은 것에서 시작되며, 피부나 내장의 표면 막이나 혈관 내외의 막이 된다. 이들이 악성 종양이 되면 암종이다. 중배엽은 따로 발생한 덩어리로, 내장이나 뼈, 근육의 '살' 부분이 된다. 이들이 악성 종양이 되면 육종이다.

전문가는 암, 육종, 악성 종양, 악성 신생물 등 여러 가지 표현을 사용하지만 일반인은 이렇게까지 구체적으로 세분하여 사용할 필요가 없다. 그냥 모두 '암'이라고 생각해도 된다. 그리고 **어떤 방법을 통해 이를 막지 않는 이상, 이들 모두가 동물을 죽음에 이르게 한다.**

🦴 악성 종양의 구별

암 (=악성 종양=악성 신생물)	⎰ 내장 표면, 피부 등 (상피성) ➡ 암종 ⎱ 내장 안쪽, 뼈, 근육 등 (비상피성) ➡ 육종

🦴 개에게 자주 발견되는 악성 종양

유선 종양	처음에는 유선(乳腺)의 '몽우리'로 깨닫게 되는 일이 많은데, 단발~동시다발, 인접한 유선에의 전이나 원격 전이도 일으킨다. 조기에 중성화 수술을 함으로써 발생률을 낮출 수 있다. 약 50%가 악성으로, 초기라면 절제+중성화 수술로 완치를 기대할 수 있지만, 방치하여 전이한 후에 내원하는 경우 예후가 좋지 않다. 고령에 따른 수술 리스크를 고려하여 그대로 놔두는 예도 있다.
비만 세포종	유선 종양 다음으로 많은 것이 피부의 종양이다. 그중에서도 피부형 비만 세포종은 발병률이 높으면서도 치료가 어려운 종양이다(체내에 발생하는 비만 세포종도 있다.). 형태는 각기 다르고 대개는 별다른 이상이 없어 보이지만, 겉으로 볼 때의 크기와 관계없이 갑자기 쇼크로 사망할 수도 있는 무서운 종양이다. 심지어 수술도 어렵다. 이것을 반려인이 확인하고 진단하기는 어려우므로 평소에 못 보던 것이 생겼다면 수의사에게 진찰을 받도록 하자.
편평 상피암	눈이나 입술, 발바닥 볼록살 등 수술로 절제하기 어려운 곳에 잘 생기기에 까다로운 종양이다. 어느 정도 커져버리면 얼굴을 크게 도려내듯 절제하거나 사지를 절단해야만 한다. 형태는 각기 달라서 세포를 검사해야 진단할 수 있다. 방사선 조사 등으로 억제하는 경우도 있다.
뼈종양	세세하게 분류하면 여러 종류가 있지만, 사지에 생겼다면 일반적으로는 밑동 부분부터 절제해야 한다. 관절의 통증과 불쾌감에 의해 깨닫게 되지만, 초기에는 엑스레이 검사로도 잘 나타나지 않으며 진단에 시간이 걸린다.
내장 종양	부위에 따라 다르지만, 일반적으로는 꽤 진행될 때까지 증상이 나타나지 않는다. 또한, 절제할 수 있는 장소가 한정되어 있으며, 수술할 수 없는 부분까지 전이된 경우에는 유효한 치료법이 그다지 많지 않다. 몸 표면의 종양과 비교하여 내부 종양은 발견하기 어렵고, 손을 쓰는 것이 늦어질 때가 많다. 앞으로 종양 표지자 검사의 발전 등 개에게 부담을 주지 않는 검사 방법이 발전하면 발견율의 향상을 기대할 수 있다.

사람의 종양 검사·치료 기술의 진보는 굉장할 정도다. 동물 의료 분야에서도 그 기술을 이용하여(실험은 동물을 통해 검증하는 경우도 많으므로 어떤 의미에서는 귀향이랄까?), 이전까지는 알지 못했던 종양, 치료할 수 없던 종양에도 하이테크 검사와 하이테크 치료가 가능하게 되었다. '어떤 종양이 어디에 자주 발생하는지'는 생활 습관의 변화도 영향을 끼친다. 또한 발견·확정된 정보를 데이터베이스로 구축하여 그것을 기반으로 판단하므로 검사 정밀도가 향상되어 예전과는 발생하는 부위의 순위가 달라지기도 한다. 따라서 이들 정보는 가능하면 새로운 것을 읽는 편이 좋다.

개에게 자주 발생하는 악성 종양은 **유선 종양, 비만 세포종, 림프종, 구강 내 종양**이다. 이외에도 피부나 몸 표면에 가까운 얕은 부위의 종양, 뼈나 눈의 종양 등은 바깥에서 체크하여 판명할 수도 있지만, 그렇게 많지는 않다. 발견이 늦어지기 쉬운 것은 체내에 있는 폐, 간, 신장, 비장, 호르몬 기관, 생식기, 비뇨기, 소화기 종양이다. 이들은 빈번하게 CT를 찍지 않는 한 조기 발견이 좀처럼 쉽지 않으며, 실제로는 임상 증상이 나타난 뒤에 그것들을 특정하여 검사해서 진단하는 경우가 많다. 발생 초기에는 일반적인 엑스레이나 혈액 검사로 드러나지 않는 경우가 많아서 대응이 늦어지기 쉬운 것이 현 상황이다.

반려인이 외부 상태를 확인할 때는 개의 평소 모습, 즉 건강 상태, 식욕, 배변, 배뇨, 눈의 움직임, 입을 크게 벌리고 샅샅이 눈으로 살펴보는 검사, 몸의 움직임이 부자연스러운지 주의를 기울여 관찰하는 것 등을 포함하여 일단 **온몸을 만져보는 촉진이 기본**이다. 지금껏 보지 못했던 돌출부나 통증, 열감 등을 배 부분까지 확인해보자. 바깥에서 키우는 대형견에게는 특히 소홀하기 쉽다.

한편, 개의 나이와 건강 상태, 종양의 진행 상태와 치료에 소요되는 예산과 노력, 마취와 수술의 리스크를 고려하여 적극적인 치료를 단념하는 경우도 적지 않다.

🦴 바깥에서 키우는 개는 자칫 문제를 늦게 발견할 위험이 있으므로 주의해야 한다

바깥에서 키우는 개는 반려인과 항상 함께 실내에서 지내는 개와 비교할 때 아무래도 소홀해지기 쉽다. 정기적으로 구석구석 살피도록 하자.

피부 종양
-몸 표면 얕은 부위에 생기는 종양도 있다

피부 종양에는 피부에만 생기는 유형, 여기저기 생기는 종양이 피부에도 생기는 유형, 다른 큰 종양의 부산물로 피부에 이상이 생기는 유형이 있다. 각 종양에 관해 설명하다 보면, 일반인을 대상으로 한 이야기에서 벗어나므로, 이들 종양을 종합해서 반려인의 시점에서 중요한 점만 설명하겠다.

이들 종양의 색이나 형태 등이 반드시 정해진 유형을 따르지는 않는다. 처음에는 작은 '멍울', 습진과 비슷한 '발적(피부가 빨갛게 되는 것)'에서 시작된다. 내장 종양이 진행되어 전이된 경우가 아니라면 그 외에 온몸에 나타나는 증상은 없다.

진단을 확정하기 위해 세포를 채취하거나 한 번에 모두 절제하여 통째로 검사 기관에 보내 결과를 기다릴 때가 많다.

양성이라면 그 단계에서 완치 판정을 내린다. 그러나 **비만 세포종**은 얼핏 깔끔하게 절제된 것처럼 보여도 금세 재발하는 경우가 많다. 따라서 치료 방법이나 추후 관리법에 관해서는 담당 수의사와 제대로 의논해야 한다. '종기가 생겼으니 그 부위를 절제하면 끝!'이라는 일반적인 생각과는 달리, 이 종양은 매우 질이 나쁘고 괴이하게 변하곤 하여 사망률이 높은 종양이다.

그 밖에도 피부 바로 밑을 만져서 알 수 있는 것으로는, 연부 조직과 혈관, 뼈에서 시작되는 종양이 있다. 발병 비율이 높지 않기에 반려인들 사이에 그리 오르내리지 않는 종양이지만, 부위에 따라서는 사지를 자르는 등 꽤 큰 외과 처치와 함께 항암제나 방사선 치료까지 염두에 두어야 한다.

피부 자체에는 외관상 변화가 없으며, 만져야 비로소 알 수 있으므로 얼마나 초기에 발견하는지는 평소 반려인이 반려견과 얼마나 스킨십을 **하느냐**에 따라 크게 차이가 난다.

특히 장모종(털이 긴 종)은 눈으로 살펴보기 어렵다. 또한 바깥에서 반려견을 키운다면, 밝은 곳에서 꼼꼼하게 온몸을 만지는 일이 많지 않기 때문에 늦게 발견하기 십상이다. 이런 상황이라면 반려인이 특별히 주의를 기울이지 않는다면 '**병원에 갔을 때는 이미 제법 진행된 상태**'인 경우가 많다.

예전에 몇 년 동안 거의 변화가 없던 하복부의 사마귀가 급격히 부풀기 시작한 골든 레트리버가 찾아온 적이 있다. 반려인이 '산책 도중에 어딘가에 긁혔나?' 하고 대수롭지 않게 여기는 사이에 사마귀가 금세 커지는 바람에 놀라서 병원으로 달려온 것이었다. 검사 결과, 안타깝게도 악성으로 판명되었고 이미 림프절로 전이가 시작된 상태였다.

반려견의 몸을 만졌을 때 '평소와 다른 뭔가'가 느껴진다면 곧바로 담당 수의사에게 진찰을 받게 하자. 이때 반려인이 섣불리 판단하고 방치해서는 안 된다.

🦴 반려인이 스킨십을 하면서 확인한다

평소에 강아지를 쓰다듬거나 어루만질 때 '반려견의 몸 곳곳의 만져지는 느낌이 다르지는 않은지', '열이 나지는 않는지', '관절을 움직였을 때 불편해하지는 않는지' 등을 꼼꼼히 확인하자.

입안의 종양
- 노견이 될 때까지 검사하지 않고 방치하면 안 된다

입 벌리는 것을 싫어하는 개도 있기에 **입안의 종양**을 늦게 발견할 때가 많다. 수의사가 입안을 제대로 확인하지 못한 채 나이가 들어서 **종양이 꽤 커진 후에야 발견하는 안타까운 사례도 있다.**

이런 일을 피하기 위해서는 집에서 편하게 쉬고 있을 때 개의 입을 조심조심 크게 벌려서 혀 밑이나 목 안쪽 등 **반려인이 스스로 관찰할 수 있는 부분을 빠짐없이 직접 눈으로 확인하는 것이 좋다.**

만지지 않더라도 좌우를 제대로 비교하면 비대칭적인 요철을 발견할 수 있다. 평소에 이빨을 제대로 닦아주는 습관을 들이면 입안을 자세히 살펴볼 수 있는 장점도 있으니 일석이조다.

입안 종양은 **멜라노마(악성 흑색종)**와 **편평 상피암**이 유명하지만, 반드시 검은색을 띠지만은 않는다.

또한, 만성 치주병 탓에 잇몸이 조금 부어오르는 양성 종양이 있는가 하면, 그것과 완전히 같아 보이면서도 실은 악성인 데다 잇몸 안쪽에서 턱뼈까지 퍼져서 큰 범위를 절제해야 하는 악성 종양도 있다.

이 경우, 얼굴이 크게 변하기는 하지만 살아남는다면 운이 좋은 편이다. 결국 목숨을 잃는 경우도 많다.

입안 색이나 모양의 변화는 아무리 작고 별것 아닌 것처럼 보여도 발견하는 즉시 담당 수의사에게 확인하고 계속 관찰해야 한다. 상황에 따라서는 마취를 한 후에 환부를 제대로 확인해야 한다.

🐾 위험도는 개체차가 크다

멜라노마는 입안이 아닌 다른 부위에도 발생한다. 하지만 그런 경우는 악성일 확률이 낮다(발톱 주변은 제외). 그러나 저자는 노견의 아래쪽 눈꺼풀에 생긴 멜라노마가 안구로 옮겨가 안와(눈이 푹 파인 두개골 구덩이)를 가득 채울 정도로 커진 예를 본 적이 있다.

한편, 다른 노견의 흰자위에 생긴 멜라노마를 2년 정도 관찰하며 지켜보았지만 결국 늙어 죽을 때까지 문제가 되지 않은 예도 본 적이 있다(멜라노마가 아주 약간 커지는 데 그쳤다.). 참고로 고양이 홍채에 생긴 멜라노마는 악성인 경우가 많다. 하지만 **몸에 생긴 경우에도 악성인 것은 입안에 생기는 유형과 비슷할 정도로 위험**하다.

또한, 극히 드물지만 비강에 종양이 발생한 경우, 경구개(입안, 위턱 쪽의 빨래판 형태의 부위)나 미간 부위의 뼈가 불룩 튀어나오거나, '파란 콧물'이 이상하리만치 많이 나올 때도 있다. 입안과 달리 보이지 않는 위치이기에 처음에는 비염이나 부비강염(副鼻腔炎)과 구별되지 않는다. 두개골 때문에 엑스레이 검사에서도 보이지 않는다.

종양이 주변 뼈를 녹일 정도로 진행되고 나서야 비로소 '이건 단순한 염증이 아니었다.'고 판단하는 경우도 있다. MRI 검사가 가능한 동물병원이라면 검사해보는 것도 한 가지 방법이다.

항암제는 그다지 효과가 없다. 따라서 광범위 절제와 방사선 조사 등에 의존해야 한다. 하지만 그런 방법으로도 완전히 치료하기는 어려워서 안타깝게도 사망에 이르는 경우가 많은 무서운 병이다. 이런 병이 확정 진단된 경우에는 가족 모두가 담당 수의사와 함께 신중하게 의논해서 향후 대응 방안을 결정해야 한다.

유선 종양
- 이른 중성화 수술이 중요하다

유선 종양은 어릴 때 중성화 수술을 한 암컷에게는 거의 발생하지 않는다. 대부분 중성화 수술을 하지 않은 중년과 노년 암컷에게 발생하지만, 중성화 수술을 했다고 해도 0%는 아니므로 강아지의 몸을 평소 쓰다듬을 때 유선을 위에서 아래까지 만져보자.

중성화 수술 여부에 따른 종양 발생률의 변화는 논문에 따라 다소 차이는 있지만 널리 알려진 것은 칼럼2(62페이지 참조)의 연구다. 전문가들끼리도 때로는 의견이 갈리지만, 적어도 저자가 지금까지 진찰한 경험에 따르면 **중성화 수술을 했는데도 유선 종양에 걸린 경우는 단 한 번뿐이었다.** 그것도 자세한 것은 잊어버렸지만 4~5세에 중성화 수술을 한 개였다(중성화 수술이 늦었다는 말이다.).

처음에는 콩알 정도의 말랑말랑한 감촉에서 시작된다. 평소에 제대로 관찰한다면 놓칠 일이 많지 않으리라. 기본적으로는 수술로 절제하지만, 고령에 쇠약한 상태이거나 다른 질환을 앓고 있다면 전신 마취의 위험성이 커진다. 극히 초기에 한정된 부위에만 종양이 존재하고 전이의 징후도 없다면 해당 부분만 부분 절제해서 상태를 살펴볼 수도 있다. 하지만 반려인에 따라서는 반려견이 불편함을 드러내지 않는다는 이유로 이미 종양의 존재를 깨닫고 있음에도 방치한 나머지 크기도 꽤 커지고 전이마저 된 후에 병원을 찾는 경우도 드물지 않다.

어찌 됐든 **어렸을 때 중성화 수술을 하는 것**이 좋다. 하지만 이미 종양이 생긴 후에 찾아온 반려인에게 그런 말을 한들 무슨 소용이 있으랴. 이 병은 자궁 난소 호르몬의 이상이 원인이 되었을 가능성이 있으므로, 체력적으로 문제가 없다면 종양 절제와 동시에 중성화 수술을 하는 것이 일반적이지만, 고령에 여유가 없다고 생각될 때는 종양 절제만 하기도 한다.

반려견의 나이, 몸 상태, 종양의 범위 등을 종합적으로 고려하여 절제할지 말지, 얼마만큼 절제할지를 담당 수의사와 반려인이 함께 정한다. 예상되는 수명까지 종양이 치명적으로 '악화'할 것 같지 않다고 판단될 때는 굳이 수술을 하기보다는 **항종양 영양제를 투여하는 등의 방식으로 위험을 피하는 케어를 선택하는** 경우도 많다.

드물게 악성도가 높은 것 중에, 열감, 통증, 부기 등을 동반할 때도 있지만, 이들은 앞서 말한 것 같은 평범한 유선 종양과는 달리 절제해도 금방 재발하여 수 주에서 수개월 후에 사망에 이른다.

유선 종양의 증상

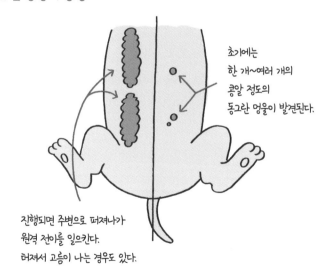

초기에는
한 개~여러 개의
콩알 정도의
동그란 멍울이 발견된다.

진행되면 주변으로 퍼져나가
원격 전이를 일으킨다.
허져서 고름이 나는 경우도 있다.

암컷에게 자주 발견되는 유선 종양은 진행되면 유선 외의 장소로 퍼져나가 전이될 때도 있다. 발견했을 때 아직 체력이 있는 어린 강아지라면 수술하는 편이 좋다.

암컷의 유선 종양보다는 발병 확률이 낮지만, 중성화 수술을 하지 않은 수컷에게는 가끔 **고환 종양**이 생긴다. 개의 고환은 (사람과 마찬가지로) 체외에서 덜렁거리기 때문에 만져보면 좌우의 크기 차이를 비교하기 쉬우므로 조기 발견할 수 있다. 드물게 크기가 다르지 않은 경우도 있지만 대개는 '외견의 변화를 일으킨다.'라고 생각해도 좋다.

고환 종양은 종양화된 세포의 종류에 따라 위험성에 차이가 있다. 커진 상태라면 일단 중성화 수술을 한 후 그것을 검사소로 보내 판정을 받는다.

호르몬 이상을 일으킨 상태라면 털이 고르게 나지 않거나, 수컷임에도 가슴이 부풀어 오르거나, 빈혈을 일으키기도 한다. 또한, 악성은 자칫하면 림프절로 전이되기도 하므로, 발견 후 절대 방치해서는 안 된다.

다만, 고환 종양은 **고령이 된 후에 생기는 일이 많으므로**, 마취의 위험성과 예상되는 수명을 고려하여 반려인과 의논하여 그대로 두는 경우도 있다.

한편, 고환이 배 속에서 음낭으로 내려오지 않는, 이른바 **잠복 고환**은 종양이 되기 쉽다. 이 경우는 훗날 위험한 상태를 막기 위해 어렸을 때 중성화 수술을 해야 한다.

중성화 수술 여부와 관련한 개의 '견생' 계획은 아직 어린 강아지일 때 세워두는 것이 좋다. 나이를 먹은 후에는 마취의 위험성이 커지기 때문이다. 특별히 중성화 수술을 피해야 할 큰 이유가 있는 것이 아니라면, 일반적으로는 어렸을 때 중성화 수술을 하기를 권장한다.

또한, 고환이 정상적으로 내려와 있다 해도 주로 실내에서 생활하는 현대의 반려견은 중성화 수술을 하지 않을 경우 집 안에서 소변으로 영역 표시를 하거나, 성격이 난폭해서 교육하기 어렵거나, 반려인의 지시를 따르지 않고 병원의 진찰대 위에서도 난동을 부리는 등 문제가 발생할 수 있다. 따라서 암컷은 '질병 예방' 차원에서 수술하는 반면, 수컷은 이런 문제를 방지하고 일상생활을 원만하게 유지하기 위해 중성화 수술을 권한다. 단, 조금이라도 난폭한 기질이 정착된 후에 중성화 수술을 하면 충분한 교정 효과를 보지 못할 가능성도 있다.

🦴 잠복 고환이란?

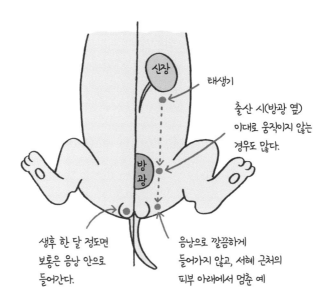

본래 음낭 안으로 들어가야 하는 고환이 체내의 다른 장소에 멈춰버리는 것이 정류 고환이다. 다양한 문제의 원인이 되므로 조기에 수술해야 한다.

폐종양
– 기침이 시작되었다면 이미 늦었을 수도

복부와 달리 폐는 이상이 나타난 부분을 엑스레이로 쉽게 확인할 수 있다. 따라서 타이밍이 잘 맞으면 초기 병변이라도 판별할 수 있다. 하지만 실제로는 대부분 기침이나 호흡 곤란 등의 증상을 이유로 내원하여 검사한 후에 발견하는 일이 많다. 병이 꽤 심해질 때까지는 증상이 그다지 드러나지 않으므로 '기침을 안 하니 건강하다. 우리 개는 문제없다.'라고 생각해서는 안 된다. **폐종양에서 기침이 나오기 시작했다면 이미 죽음이 임박한 상황**이다.

개는 사람보다는 폐종양이 적게 나타나는 편이긴 하지만 그래도 가끔은 있다. 고령이 되면 발병 위험이 커지는 것은 사람과 마찬가지지만, 2~3세에 발생하기도 한다. 흔한 증상은 기침이다. 하지만 이따금 사지의 뼈가 비대해지거나 머리가 붓는 등 얼핏 아무 관련이 없어 보이는 증상이 나타날 때도 있다.

멍울 형태의 단독 종양이라면 절제할 수 있지만, 이미 꽤 진행이 되었거나 림프절로 전이된 상태라면 생존율이 낮다. 폐, 간, 신장은 혈관이 세세한 그물코 형태로 되어 있기에 혈액에 섞여 들어온 종양 세포가 달라붙어서 증식하기 쉬운 장소다. 전이까지 감안하면 매우 다양한 종양이 생기기 쉬운 장기다. 반대로 맨 처음 폐에서 시작된 '원발성(原發性)' 폐종양은 그다지 많지 않다.

원발성 폐종양이 아니라 유선 종양 등에서 전이되었다면 안타깝게도 수술로 제거할 수 없다. 보기에는 하나의 덩어리처럼 보여도 대부분 다른 부위나 장기에도 전이되어 있으므로 엑스레이 검사에서 보이는 부분만 절제해도 큰 의미가 없다. 다른 종양의 유무를 통해 추측하거나, 조건이 잘 맞는다면 세포나 폐에 차 있는 물을 직접 채취하여 검사하여 진단할 수 있다.

효과적인 항암제는 아직 없으며 기본적으로 **조기 발견과 조기 절제가** 중요하다. 초기에 크기가 작을 때 재빨리 절제하면 장기 생존을 기대할 수 있다. 기침의 유무 외에도 운동 시의 헐떡임이나 만성적인 호흡 곤란이 없는지 관찰하고, 때에 따라서는 동물병원에서 자주 진찰받도록 하자. 반려견의 상태나 반려인의 희망에 따라 수의사는 엑스레이 검사를 제안할 수도 있다.

저자의 아버지는 61세 때 정기 검진에서 갑자기 폐 전체에 전이된 암이 발견되어 2년 조금 못 되는 투병 끝에 돌아가셨다. 그 전년도에 찍은 엑스레이에는 아무것도 찍히지 않았는데 말이다. 개나 고양이는 사람보다 나이를 네 배나 빨리 먹는다. **1년 간격으로 검사를 하면 사람조차도 그 사이에 병이 심각하게 진행할 수도 있다**는 말이다. 반려동물의 경우, 본래는 자주 검진하는 것이 가장 이상적이다. 물론 그래도 치료할 수 없는 질병은 많다. 하지만 할 수 있는 것이라면 해서 손해 볼 일은 없으리라.

🦴 평소 개의 호흡을 관찰한다

기침의 유무 외, 운동 시의 헐떡임이나 만성적인 호흡 곤란이 없는지 관찰하고, 때에 따라서는 동물병원에서 자주 진찰받도록 하자.

백혈병
– 중년기와 노년기에 주로 발병하나 강아지 때도 방심은 금물

백혈병은 실은 꽤 분류가 다양하다. 하지만 어느 것이든 골수 안의 백혈구 생산에 이상이 생겨서 발생하는 병이다. '면역을 담당하는 백혈구가 많으면 좋은 거 아닌가?'라고 생각할지도 모르지만, 특정 종류의 백혈구를 생산하는 프로세스가 폭주하면 그 외의 세포, 적혈구, 혈소판의 생성 능력이 파괴되고 만다. 또한, 대량으로 만들어진 백혈구는 형태가 이상하기에 본래의 면역 능력을 지니지 못한다.

통계적으로는 대형견, 중년 및 노년, 암컷, 순종견에게서 많이 발생하지만 '우리 개는 소형견이고 아직 어리니까 괜찮아.'라고 안심할 수만은 없다. **'어떤 개라도 갑작스레 발병한다.'**는 인식을 갖는 것이 좋다.

백혈병은 특징적인 증상을 보이지 않기 때문에 내원 시에 한눈에 알아보기는 어렵다. '뭔지 모르겠지만 상태가 좋지 않아요.'라고 말하며 반려인이 데려온 반려견은 '혈액 검사를 해서 혈구의 수가 이상을 보여 깜짝 놀라는 경우'가 대부분이다.

혈액 검사나 반려견의 상태 변화 유형에 따라 '어떤 백혈병인지' 어느 정도는 예상이 가능하지만, 치료법을 결정하기 위해서는 전신 마취를 한 후 골수 검사를 해야 할 때도 있다. 치료는 주로 항암제를 사용하지만, 안타깝게도 대부분 효과가 없거나 반짝 좋아지다가 몇 달 후에는 손을 쓰지 못해 사망에 이르게 된다.

따라서 백혈병이 강하게 의심된다면 **반려인은 단단히 각오하고 담당 수의사와 방침을 논의해야** 한다. 어디까지 검사할 것인지, 검사할 경우 개에게 주는 부담, 경제적 문제, 기대할 수 있는 잔여 수명 등 꽤 심각한 이야기가 나올 수밖에 없다.

　백혈병은 아직 밝혀지지 않은 부분이 많다. 병명의 구분조차도 전문의들 사이에서 의견 차이가 발생하기도 하고 새로운 치료법이 시도되기도 한다. 이렇듯 백혈병은 하루하루 대응 방법 등이 달라지는 병이다. 만약 우리 개가 이 병에 걸린다면 어떻게 하는 것이 최선인지 담당 수의사의 설명을 귀 기울여 들어야 한다.

🦴 백혈병의 구조

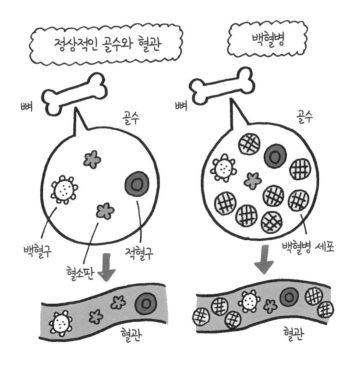

백혈병으로 인하여 늘어난 백혈구는 본래의 면역 능력을 갖추지 못하고, 적혈구나 혈소판의 생성 능력도 파괴한다.

림프종

제2장
11

– 항암제가 효과를 발휘하는 종양

동물과 사람은 잘 걸리는 병이 다르다. 생소한 이야기일지 모르지만, 개에게는 **림프종**이라는 종양이 잘 생긴다.

동물의 몸에는 **림프절**이라는 **면역의 사령부**가 곳곳에 퍼져 있다. 가령 감기에 걸렸을 때 귀밑이나 뒤통수에 말랑말랑한 '멍울'이 생기는 경우가 있는데, 이것은 림프절이 감기 바이러스와 싸우고 있다는 증거다. 림프종이란 림프절이 종양으로 변해 몸의 균형을 깨뜨려 죽음에 이르게 하는 병이다.

겉에서 만져지는 곳에 있는 림프절(상반신에 많다.) 여러 곳이 붓는 **다중심형(多中心型)** 림프종이 약 80%를 차지한다. 그 외에 가슴이나 배속, 얼핏 피부염처럼 시작되는 피부형 등이 있다.

평소 반려견의 온몸을 만져주는 반려인은 다중심형 림프종일 경우 상당히 빠른 시기에 발견하여 병원에 찾아온다. 하지만 체내에 생기는 림프종은 안타깝게도 증상이 상당히 진행되어 몸 상태가 현저히 나빠진 후에 찾아오는 경우가 많기에 이 시점에서 치료를 시작하면 더욱 좋지 않은 상황에서 싸울 수밖에 없다.

대부분 중년과 노년에서 주로 발병하지만, 1~2세에 발병한 개를 진료한 적도 있다. 또한, 제초제나 유기 용매, 높은 전류가 흐르는 전선에서 생기는 자기장에 노출(송전선 바로 아래 등)되는 경우 발병률이 높아진다는 연구 결과도 있다. 현대 사회에서 살아가는 이상, 이들 모두를 피하기는 쉽지 않지만, **가능하면 자연에 가까운 환경에서 사는 것은 개와 사람 모두에게 중요하다고** 생각할 수 있다.

림프종은 세포 검사를 통해 진단을 확정하며, **항암제**로 치료한다. 항암제로 효과를 보는 종양과 좀처럼 효과를 보기 어려운 종양이 있는데, 림프종은 **효과를 보기 쉬운 종양**에 속한다. 참고로 몸집이 큰 개라면 약제 비용도 늘어난다. 이는 대형견을 키우는 반려인의 숙명이므로 부디 마음을 굳게 먹기 바란다.

약이 효과를 보이면 대부분 상태가 크게 호전된다. 하지만 이는 완치된 것이 아니라 종양을 눈에 보이지 않는 수준으로 치료한 것뿐이라 대부분 수개월 후에 재발한다. 이렇게 재발과 치료를 반복한 후 짧은 생을 마치는 경우가 많다. 그래도 처음부터 포기하기보다는 우선 투약을 시도하기 바란다.

그사이에 앞으로 예상되는 전개나 '얼마만큼 애써볼 것인가'를 담당 수의사와 의논하여 반려인이 받아들일 수 있는 치료를 반려견이 받게 하자. 보조적인 영양제도 판매되고 있어서 상성이 좋으면 림프종의 활동을 어느 정도 억제할 수도 있다.

🦴 개의 몸 표면 중 림프절이 있는 부위

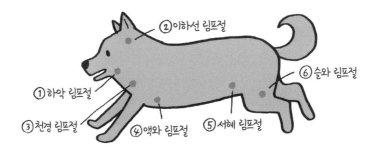

몸 표면의 모든 림프절은 정상적일 때는 손으로 만져도 알 수 없다. 부은 후에야 비로소 알게 된다.

노견의 시한폭탄 '심장사상충'

- 병은 나아도 후유증은 남는다

반려견을 키우는 반려인이라면 **심장사상충**(필라리아)이라는 기생충의 이름은 이미 들어본 적이 있으리라. 심장사상충(心臟絲狀蟲)은 '실' 모양의 기생충으로, 심장에서 폐동맥에 걸쳐서 다수 기생하며 혈액의 흐름이나 심장 박동을 저해하여 개체를 죽음에 이르게 하는 무서운 기생충이다. 심장은 확장하거나 수축할 때 안쪽에 있는 판막이 열리고 닫히면서 혈액을 일정한 방향으로 밀어내는 펌프 역할을 하는데, 이 심장사상충이 다수 기생하면 이러한 역할에 문제가 생긴다.

모기가 피를 빨아 먹을 때, 모기의 타액과 함께 피부밑에 현미경으로 봐야 할 정도로 작은 자충(子蟲, 마이크로필라리아)이 침입하는데, 반년 정도 지나면 심장 안에서 '실' 모양의 성충으로 자라 기생하게 된다. 이 성충이 다시 마이크로필라리아를 낳아 혈액 안에 퍼뜨리면 다시 모기가 피를 빨아 먹을 때 옮겨가 다른 개를 감염시킨다.

처음에 아주 조금만 있을 때는 아무런 증상도 나타나지 않는다. 그러나 마이크로필라리아를 빨아들인 모기가 같은 개를 다시 물었다면 심장사상충 **추가 기생**이 일어나기 때문에 모기가 많은 상태에 방치된 필라리아 양성견은 머지않아 수많은 심장사상충이 활개 치는 숙주가 된다. 마이크로필라리아는 모기의 체내에서 1회 탈피한 후에 성장하므로 '모기를 거치지 않고 숙주의 몸속에서 증식'하지는 않는다.

기생충이라는 것은 숙주가 죽어버리면 안 되기 때문에, 수가 적으면 폐동맥의 한쪽에 붙어서 살 뿐, 눈에 띌 정도로 나쁜 일을 벌이지 않는다. 하지만 수가 늘어나면 심장 안까지 가득 찬다. 이렇게 되면 무더위나 격한 운동으로 심장의 움직임이 빨라졌을 때, **평소보다 빨리 심장 기능이 한계에 달한다.**

만성적인 기침을 하거나 폐에 물이 차거나 조금 움직였을 뿐인데도 지쳐 쓰러져 움직이지 못하게 되는 상태를 거쳐, 최악의 경우에는 갑자기 심장이 멈춰서 쇼크 상태(대정맥 증후군)에 빠져서 급사하게 된다. 그 정도까지 가지 않더라도 평소에 심장의 작동 효율이 매우 나빠지며, 판막의 변형, 심장 비대화, 혈관 내벽의 손상을 일으킨다.

이처럼 필라리아는 몹시도 무서운 병이기는 하지만, 작은 자충 단계에서 죽이는 예방약을 사용하면 **완벽히 예방할 수 있기 때문에**, 하수도가 정비되어 모기가 많지 않고 반려인 모두가 예방을 철저히 하는 지역에서는 발생률이 상당히 낮다. 수의사를 대상으로 한 전문 잡지에도

🦴 어떤 식으로 심장사상충에 감염되는가?

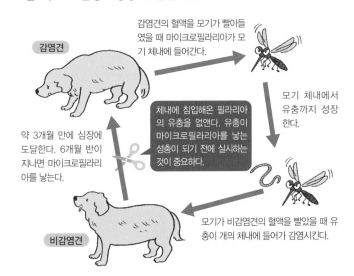

심장사상충 예방약은 감염된 개의 체내에 있는 유충을 죽이고, 폐동맥에 기생하는 것을 막는다.

'심장사상충은 과거의 병인가?'와 같은 기사가 실릴 정도로, 도시에 있는 수의사는 쉽게 만나기 어려운 병이 되었다.

하지만 도회지를 벗어나 논이나 수로가 많은 지역에서는 모기의 서식 수 자체가 급증한다. 더욱이 시골에 사는 사람들이 백신이나 필라리아 예방, 벼룩이나 진드기 구제에 대한 관심이나 이해가 덜한 경향이 있다. 전처럼 현관 앞에 묶어두고 사람이 먹고 남은 잔반으로 개를 키우는 사람도 아직 남아 있다.

저자가 운영하는 병원은 주택지와 논 경계에 있는데 개업 당시(2009년)에는 '동물병원에는 처음 와요.'라고 말하는 사람이 꽤 많았다. 가능한 한 모두 조사해보니, 20~30% 정도가 심장사상충에 감염되어 있었다. 물어보니 대부분 심장사상충이라는 기생충 자체를 몰랐다.

물론 곧바로 치료를 시작했지만 '근처에 동물병원이 생겼으니 한번 가볼까?' 하는 계기가 없었다면, 이 개들은 심장사상충이 기생하는 모기가 주변에 있는 환경에서 계속 살았을 것이다. 이처럼 **모기가 늘 상주하는 지역에서는 예방약을 조금만 소홀히 먹어도 금세 심장사상충에 감염**된다.

🐾 감염 후의 치료약은 2014년에 제조 중지

기생하는 개체 수가 많지 않다면 감염되더라도 표면적인 증상은 아무것도 나오지 않는다. 따라서 시간적 여유가 있다면 기생충을 천천히 약화시키는 약을 쓴다. 그 이유는 약을 써서 기생충을 단번에 죽여버리면, 기생충 시체가 폐로 흘러 들어가 막히거나, 기생충 체내에 있던 독소가 갑자기 방출되어 개가 쇼크로 사망할 위험성이 있기 때문이다.

하지만 기생충이 대량 기생하고 있고 심폐 기능에 대정맥 증후군이 발생했다면 이미 언제 어떻게 될지 모르는 상태다. 따라서 모 아니면

도라는 생각으로 전신 마취를 한 후에 목의 정맥을 통해 긴 매직 핸드나 칫솔 같은 것을 찔러 넣어 직접 기생충을 잡아서 꺼내는 극히 위험한 수술이 필요하다.

이 수술은 전에는 일상다반사로 이뤄졌기 때문에 많은 수의사가 숙련된 상태였다. 하지만 지금은 예방법이 보급되어 그런 경우가 줄었기 때문에 충분한 경험을 가진 수의사가 많지 않다. 저자도 연수 시절에 수술을 옆에서 도운 적이 두 번 있을 뿐, 혼자서 해본 적은 없다. 또한, 수술을 준비하는 사이에 절반 정도가 목숨을 잃는다.

최근에는 기생충이 방출하는 독소의 메커니즘이 밝혀져서, 이전에는 1~2년에 걸쳐서 하던 고전적인 '기생충 약화 작전'보다도 단시간(그래도 수개월)에 비교적 안전하게 기생충을 죽이는 **이미티사이드**(멜라소민)라는 주사약이 출시되었다. 이 약은 매우 고가이며 특수한 약인데, 판매 성적이 좋지 않았던 모양인지 2014년 일본에서는 제조가 중지되었다. 미국에 대체 약이 있긴 하지만, 급히 필요로 할 때 구하기 어려울 수도 있다. 그럴 때는, 약을 사용할 기회가 없더라도 기한이 지나면 폐기하려는 생각으로 이 약을 갖춰둔 병원이 있는지 찾아내야 한다.

이야기가 길고 복잡해져 버렸는데, 중요한 사실은 '**예방약을 사용하면 100% 예방할 수 있다.**'라는 것이다.

도시에서 수가 줄었다고는 하나 제로는 아니다. 심장사상충의 구제에 성공했다고 해도 심장사상충이 기생했을 때 심근이나 판막 손상은 남는다. 결국 고령이 되어 심장 기능이 저하되기 시작하면 감염되지 않고 건강하게 살아온 개보다 한계에 이르는 속도가 빠르다. 그러므로 '심장사상충에 걸리더라도 죽기 전에만 치료하면 되는 거 아니냐?'고 생각해서는 안 된다. 방심하지 말고 확실하게 마지막까지 예방하는 것이 중요하다.

간질 발작은 절대로 방치 금물

– 비전문가의 판단으로 죽음에 이르게 하는 경우가 많다

개는 비교적 **간질 발작**을 잘 일으키는 동물이다. 간질 발작은 선천적으로 뇌의 전기 신호가 스파크를 일으키는 **특발성**과, 어떤 병이나 원인에 의하여 일어나는 **증후성**이 있다. 일반적인 검사나 병이 진행되는 과정에서 원인을 알아낼 때도 있지만, 머리 CT나 MRI까지 행하고서야 비로소 발견하는 경우, 혹은 제대로 조사해보니 실은 간질 발작이 아니라 다른 질병에 따른 발작인 경우도 있다.

간질 발작은 깜짝 놀랐을 때 일어나는 경우도 있지만 반대로 아무 일도 없는 평상시에 일어나는 경우도 있다. 갑자기 몸과 머리에 세밀한 떨림이 시작되고, 계속되고, 강한 경련이 수 초에서 수 분, 수십 분까지 이어진다. 간질 발작을 처음으로 목격한 반려인은 '도대체 왜 이러지?' 하고 당황하기 쉬운데, 원인이나 정도에 따라서는 곧장 처치하지 않으면 생명에 지장이 생길 수도 있으므로 **발견 즉시 동물병원에 데리고 가야 한다.** 강한 경련이 20~30분 이어지면 비정상적인 체온 상승을 일으키는데 그것이 원인이 되어 사망할 수 있다. '저러다가 낫겠지……'하며 느긋하게 지켜보다가 '아니! 낫질 않네. 이거 위험한 거 아니야?'라는 생각이 들어 집을 나섰을 때는 이미 늦다.

비단 간질에만 해당되는 이야기는 아니지만, 긴급한 증상이 생겨 갑자기 진료가 필요한데 수의사가 수술을 하고 있는 경우 등에는 대응이 어려울 수 있다. 따라서 출발 전에 동물병원에 반드시 전화해서 대응 가능한지 확인해야 한다. 연락을 받은 수의사가 치료 준비를 하고 기다리고 있는데, 병원에 도착했을 때는 발작이 끝나서 말짱할 때도 많다.

그럴 때 '소란 피워서 죄송하다.'며 미안해하는 반려인도 종종 있다. 이런 경험을 한 반려인은 다음 발작이 일어났을 때 병원에 갈지 말지 고민할 수 있는데 **반드시 동물병원에 연락**해야 한다.

야간이라면 24시간 동물병원에라도 가야 한다. 하지만 만약 반려인이 나갈 준비를 하는 사이에 상태가 좋아진다면, 아침까지 상태를 살펴보고 나서 담당 수의사가 있는 동물병원에 가도 큰 문제는 없으리라.

🦴 낮에는 전화한 후에 판단, 야간에는 24시간 동물병원으로

예전에 저자가 일하던 병원에서는 항상 야간에 발작을 일으키는 포메라니안이 있었다. 당직을 서고 있으면 반려인이 분홍색 잠옷 차림으로 쏜살같이 뛰어오곤 했다.

간질 발작이 특발성이라면 그것을 억제하는 항경련제를 사용함으로써 대부분은 조절할 수 있다. 다만, 약의 종류나 투여 기간은 개의 상태에 따라 다르므로 **반려인 마음대로 변경해서는 안 된다.**

🐾 증후성은 까다롭지만……

사실 까다로운 것은 증후성이다. 증후성의 원인은 수두증 등 치료가 곤란한 선천적 이상이나 뇌종양인 경우가 있다. 5세 이상의 중년기 이후에 간질이 발병한다면 대부분 증후성 간질이다. 증후성 간질은 항간질제의 약효가 불완전하다. 또한 발병 원인이 점차 악화하여 점차 전혀 제어할 수 없게 될 가능성이 커서 단기간에 사망하는 일도 드물지 않다.

하지만 치료나 대책 마련이 가능할 수도 있으니 어찌 됐든 우선은 검사를 통해 원인을 찾아내야 한다. 다만, 고도의 검사가 필요하기에 비용이 많이 든다.

한편, 검사할 때는 마취가 필요한 경우도 있다. 일반적인 약을 이용해도 경련이 잦아들지 않는 개는 마취약으로 재운 후에 뇌의 흥분이 잠잠해지기를 기다릴 수도 있다. 얼마 전까지 사용되던 마취약은 뇌압을 올리는 작용이 있어서 간질을 막기 위한 수단으로는 사용할 수 없었다. 그러나 현재 사용되는 새로운 마취약은 문제없다. 다만 마취약 그 자체가 동물에 대해 '100% 안전'하다고는 단언할 수 없기에 '최후의 수단'이라 할 수 있다.

어디까지 치료를 할 것인지는 반려인과 수의사가 의논하여 결정한다. CT나 MRI까지는 찍지 않고 치료에 들어가는 경우도 종종 있다.

🦴 항간질약은 임의로 중단해서는 안 된다

원인 불명의 간질 발작이 여러 차례 발생한 후, 아무런 치료도 하지 않았음에도 그 후 전혀 발작이 일어나지 않는 운 좋고 신기한 예도 있지만, 대부분은 지속적인 투약이 필요하다.

호르몬 이상
-판단이 어려우므로 검사가 필수

호르몬이란 몸 안의 다양한 균형 상태를 조절하는 물질로, 혈액 안에 녹아서 흘러 다닌다. 신경이 내보내는 신호를 통해 균형 상태가 조절되는 경우도 있는데, 호르몬은 그 자체가 직접 작용하는 것이 아니라 다양한 장기에 '액셀러레이터' 혹은 '브레이크'로 작용하여 **맞춤한 몸 상태를 유지하는 역할**을 한다.

호르몬의 분비량이 이상해지는 병에 걸리면, 다양한 몸의 균형이 깨져 목숨이 단축된다. 호르몬에는 매우 많은 종류가 있으며, 아마도 우리 인류가 아직 발견하지 못한 미지의 호르몬도 아직 남아 있을 것이다.

호르몬 이상에 의한 병은 당뇨병처럼 금방 알 수 있는 것도 있지만 갑상선 호르몬이나 부신피질 호르몬의 이상과 같이 나타나는 증상이 각기 달라서 '교묘한 사기꾼'처럼 여겨질 때가 있다.

기운이 없어진다거나, 탈모나 색소 침착 등의 피부 증상, 복부 팽만, 다음·다뇨(多飮多尿), 체중 감소 등의 증상을 일으키는 병은 그 밖에도 얼마든지 많다. 따라서 처음부터 꼭 집어서 호르몬 이상을 의심하지는 않는다. 잠시 일반적인 치료를 한 후에도 낫지 않았을 때 비로소 '혹시 호르몬 문제인지'를 의심한다.

동물병원의 진료실에서 초기 변화를 관찰하는 것은 어렵지만, 평소에 옆에서 지켜보던 반려인이 빠르게 깨닫고 알려주면 수의사에게는 큰 참고가 된다. **아무리 사소한 것이라도 부담 없이 이것저것 말하도록 하자.** 확실하게 증상이 나타나는데도 불구하고 방치한 나머지 증세가 상당히 심각해지고 나서야 겨우 병원을 찾는 경우도 많다.

최근, 동물병원에서 갖출 수 있는 호르몬 측정 기계가 개발되었지만 일반적으로는 외부의 전문 기관에 의뢰하여 측정해야 하므로 어느 정도 심각하게 의심되지 않는 경우 검사하기 어려운 면이 있다. 또한, 호르몬 이상이 다른 호르몬에 이상을 미칠 때도 있기 때문에 여러 검사를 함께 진행해야 할 때도 있는데, 그런 경우에는 비용이 많이 들 수 있다.

만약 자주 다니는 동물병원이 측정 기계를 도입한 상태라면, 외주보다 저렴하게 그 자리에서 곧장 결과를 확인할 수 있으므로 수의사와 상담하여 **적극적으로 검사하기를 추천**한다.

대체로 호르몬 이상은 나이를 먹으면 발생률이 올라간다. 중년과 노년 이후에 건강 진단을 할 때는 증상의 유무와 관계없이 전부 조사하는 편이 좋다. 기계가 보급되면 그것이 당연하게 여겨지는 날이 올지도 모른다.

🦴 호르몬은 '전령'과도 같다

야구에 비유하자면 호르몬은 전령과도 같다. 전령이 말도 안 되는 소리를 지껄이기 시작하면 큰 혼란이 온다.

중성화 수술을 하면 유선 종양이 크게 감소한다!

개의 중성화 수술은 원래 발정에 따른 출혈이나 바라지 않는 임신을 피하기 위한 것이었다. 그러던 중 중성화 수술을 하면 유선 종양의 발병률이 낮아진다는 사실을 알게 되었다(아래 표).

보통 개는 생후 8개월 전후에 최초로 발정이 나며, 이후 반년에 한 번 정도의 주기로 발정이 난다. 이때 자궁이나 난소에서 분비되는 호르몬이 유선에 작용하여 유선 종양의 발병률을 높이는 것이다. 한번 올라간 발병률은 그 이후 중성화 수술을 한다고 해서 낮아지지 않는다.

즉 첫 발정이 발생하기 전에 중성화 수술하는 것이 가장 효과적이다.

이미 발정을 서너 번 한 개라면 중성화 수술하든 안 하든 유선 종양의 발병률은 달라지지 않는다. 수술 시기를 정하는 사이에 첫 발정이 오는 예도 꽤 많다. 그 경우에는 담당 수의사와 상담하여 될 수 있는 대로 빠르게 수술 날짜를 잡도록 하자.

🦴 유선 종양의 발병률
(중성화 수술을 하지 않은 경우를 100%로 본 경우)

중성화 수술의 시기	유선 종양의 발병률
첫 발정 전	0.05%
첫 번째~두 번째 발정 사이	8%
두 번째~세 번째 발정 사이	26%

※치료를 위해 성호르몬제를 투여받고 있더라도 발병률은 높아진다.
출전 : 그레고리 오길비 · 앤토니 무어(Gregory K. Ogilvie, Antony S. Moore), 『개의 종양』

노화 증상과 대책

딱히 병에 걸리지 않더라도 노견은 외모는 물론 내장 기능 또한 어린 강아지 때와 완전히 같을 수 없으며 조금씩 노쇠하게 된다. 제3장에서는 반려인이 자신이 키우는 개의 노화 증상을 재빠르게 알아차리기 위한 포인트를 설명하고, 아울러 노화 증상에 대한 대책도 소개하겠다.

만성 지병이 악화한다
– 잠재적인 약점이 표면으로 드러나기도

돌발적인 사고로 발생하는 병이 있는 한편, **노화 현상**이 진행됨에 따라 발생하는 병도 있다. 예를 들어 넘어져서 골절이나 타박상을 입는 것은 돌발적인 사고이며, 골다공증이나 퇴행성 관절염으로 몸의 움직임이 나빠지는 것은 노화 현상이다. 어릴 때는 수면 아래 잠자고 있던 질환이 나이를 먹으면 악화하여 증상이 표면으로 나타나기도 한다.

중년과 노년 개에게 많이 나타나는 문제에는 간·신장·심장·면역 기능의 저하, 호르몬 조절 기능의 이상, 관절·골격 질환 등이 있다.

이것들은 어렸을 때는 큰 문제를 보이지 않더라도 **나이를 먹음과 동시에 종합적으로 능력이 저하됨에 따라 좀 더 중대한 증상으로 이행할 때가 많다.** 조기에 발견하지 못하고 늦어지는 경우 치료가 매우 어려워진다. 특히 내장에 관련한 문제는 명백하게 죽음을 앞당긴다.

장기간에 걸쳐 존재해온 문제는 주변 기관이나 장기에도 그에 따른 변화를 일으킨다. 오랜 기간에 걸친 만성 질환과 마찬가지로, 장기의 세포, 혈관, 심장의 형태, 관절의 형태 등 처음에는 나타나지 않았던 증상이나 손상이 축적되게 마련이다.

이들이 노령화와 함께 표면화됨으로써, '알고는 있었지만 경미하다고 생각해 그다지 적극적으로 대처하지 않았던 문제'가 어느샌가 간과할 수 없는 큰 문제로 커질 때도 있다.

개의 일생 후반에 집중해서 큰돈을 쓰기보다는 어렸을 때부터 자주 병원에 다니며 건강 상태를 확인하고 **중년 이후가 되었을 때 큰 영향을 받지 않도록 적확하게 예방·치료**하도록 하자. 결국 그편이 전체적으로 더욱 비용을 아낄 수 있으며 반려견의 삶의 질도 마지막까지 높은 수준을 유지할 수 있는 방법이다.

은퇴한 유도 선수의 귀가 만두 모양이 되는 이유

유도 선수의 귀가 만두 모양으로 부풀어 오르는 것은 연습을 통해 수년간 끊임없이 바닥에 문질리며 그 형태로 굳어버렸기 때문이다. 은퇴하더라도 원래대로는 돌아오지 않는다. 유도 대회의 TV 중계에서 해설자석에 앉아 있는 유도 감독의 귀가 만두 모양인 것도 그 때문이다. 이와 비교하여 우리가 체육 수업에서 유도를 하며 바닥에 귀가 문질리며 부었다고 하더라도, 그 한 번만이라면 급성 염증이므로 이후 원래대로 돌아온다. 오랜 시간에 걸친 질환은 이 만두 모양의 귀처럼 원래의 모양으로 돌아오지 않는 변화를 일으킨다.

핵경화증, 백내장
- 백내장 그 자체보다도 합병증에 주의

가끔 1세 정도의 강아지가 선천성 백내장이 나타나기도 하지만, 나이를 먹으며 점차 수정체가 회백색으로 흐려지는 현상은 약 8세 무렵부터 증가한다. **백내장**보다는 수정체의 **핵경화증**이 더욱 흔하게 나타난다. 이는 염증을 일으키지는 않지만 양쪽 눈이 동시에 천천히 회백색으로 흐려지는 증상이다. 핵경화증을 백내장으로 착각하기도 한다. 그러나 핵경화증은 염증도 녹내장도 일으키지 않고 시력에 미치는 영향도 최소한에 그친다. 대부분은 백내장이 아닌 핵경화증이다. 가장 간단하게 구별하는 법은 '좌우 대칭이라면 핵경화증', '비대칭이라면 백내장'이다.

이런 백탁(白濁)은 대형견이라면 3세 무렵부터 보이기 시작한다. 사람이 눈으로 보고 알아차릴 수 있으므로 생각보다 빠른 단계에 내원하는 반려인이 많다. 펜 라이트(Pen Light)로 비추면 동공 안쪽에 있는 투명한 수정체라는 렌즈가 회백색으로 흐려진 것을 볼 수 있다.

이때, 요즘 유행하는 강력한 LED는 피하는 게 좋다.

건전지 한 개로 작동하는 **예전의 손전등 같은 것**으로 비춰보자. 동물병원에서 검사할 때는 탁한 정도를 보기 위해 다양한 전문 기구를 사용하지만, 집에서는 평범하게 눈으로 보는 것만으로 충분하다.

치료용 점안액은 오랫동안 사람용을 써왔지만 효과는 그리 크지 않다. 최근 효과가 좋은 동물용 점안액이 개발되었지만 구하기 어렵고 가격이 꽤 비싸니 담당 수의사와 상담해서 사용 여부를 결정하기 바란다.

사람과 마찬가지로 **인공 렌즈**로 바꾸는 수술이 있지만, 이 또한 비용이 상당하기에 주로 어린 나이에 발병한 강아지의 반려인이 단행하는 경우가 많다. 이 수술이 일본에서 퍼지기 시작하던 무렵에는 수술 비용이 30~40만 엔*이었지만 조금씩 낮아지고 있다.

안구 내의 염증이 심하고 렌즈의 교체나 제거만으로 끝나지 않을 때는 안구 적출 혹은 안구 안쪽만을 도려낸 후 실리콘 볼을 채워 넣는 방법을 선택할 때도 있다.

🐾 시력을 잃더라도 사람만큼 큰 영향은 없지만⋯⋯

개는 사람과 다르게 귀와 코로 주변 상황을 파악하는 능력이 뛰어나기 때문에 실제로 거동에 이상을 보이는 것은 백내장이 꽤 진행된 이후다. 반대로 말하면 불의의 충돌이 일어나지 않도록 조심하며 살아간다면 그렇게 큰 어려움 없이 노후를 보낼 수 있다.

또한, 대부분 개가 정도의 차는 있지만 노령기에는 핵경화증이 진행되므로 전맹(全盲)이 되거나 시력 저하가 된다고 해도 **실생활에 큰 문제가 일어나지 않으면 그대로 상태를 지켜보는 일도 많다.**

다만, 백내장으로 그치면 괜찮지만, 여기에 더해 속발성(續發性) 포도막염, 녹내장, 망막 박리, 렌즈 탈구로 이어질 때가 있다.

망막 박리로 **갑작스레 눈이 멀 수도 있다.**

약한 안약만 투여한 채 상황을 지켜보는 경우라도, 눈의 충혈이나 통증, 불편함 등이 없는지 평소에 충분히 주의를 기울여야 한다. 그러기 위해서는 반려인이 매일 관찰하는 것 외에도 담당 수의사의 정기 검진을 빼놓을 수 없다. 이와 같은 **속발성 질환이 발견된 경우에는 그것을 위한 치료가 반드시 필요하다.**

대형견은 소형견만큼 심각한 백내장이 발생하지는 않는데, 시력 상실이 문제가 되기 전에 수명이 다하는 일이 많기 때문일지도 모른다.

* 〈역자 주〉 엔화 환율은 시세에 따라 다르나 1엔을 10원으로 환산하면 대략적인 가격을 알 수 있다.

내장 기능의 저하
– 심장·간·신장의 노화란?

나이를 먹음에 따라 주로 기능 저하가 문제 되는 부위는 ①**심장**, ②**간**, ③**신장**이다. 하나하나 살펴보도록 하자.

① 심장

고양이는 대부분 가장 먼저 신장에 문제가 생기지만, 개는 그다지 많지 않다. 개에게 잦은 것은 심장 기능의 저하다. 심장은 혈액을 순환시키는 펌프다. 심장은 혈액의 흐름을 일방통행으로 만들기 위한 판막이 전후에 달린 '고무공' 같은 구조를 띠고 있다. 혈액이 흘러들어 부풀어 오를 때는 입구의 판막이 열리고 출구의 판막이 닫힌다. 그리고 수축하여 혈액을 내뿜을 때는 입구의 판막이 닫히고 출구의 판막이 열린다. 이것이 반복되며 혈액을 온몸으로 보내는 것이다.

하지만 이 판막의 개폐가 제대로 이루어지지 않으면 심장의 효율이 낮아지게 된다. 어느 판막이 어떻게 이상한지에 따라 병명이 나뉘는데, 개의 경우는 **온몸으로 혈액을 보내는 역할을 하는 좌심실의 입구 쪽 판막에 이상이 생기는 경우가 대부분이다.** 이것을 **승모판 폐쇄 부전증**이라고 한다. 이렇게 잘 닫히지 않는다는 것은 심장이 수축했을 때 모든 혈액이 출구 방향으로 가지 못하고 일부가 다시 자신이 들어온 입구 쪽으로 역류하는 것을 의미한다.

심장은 일단 크게 부풀어 오름으로써 이 손실을 보충하려고 하지만, 여기에는 한계가 있다. 그러다가 필요한 만큼의 혈류량을 유지할 수 없게 된다. 혈액은 몸속을 빙글빙글 순환하고 있으므로 심장에서 보낸 혈액이 적어진다 ＝ 심장에 돌아오는 혈액이 좀처럼 심장에 들어가지 못하고 정체되어 버린다. 그 결과, 연쇄적으로 문제가 발생하여 기침이 나거나, 운동하면 금방 지치거나, 폐에 물이 차서 호흡할 수 없게 되거나, 배에 물이 차는 등의 중대한 증상이 나타나게 된다. 방치하면 그리 오래되지 않아 죽음을 맞이하게 될 것이다. **이 현상은 고령의 개에서 매우 많이 발생**한다.

이 경우, 나이를 먹으면서 심장에서 **잡음**이 들리는 일도 많으며, 잡음은 심장 판의 개폐가 제대로 이루어지지 않는다는 것을 의미한다(가끔 잡음이 들리지 않은 채 기능 저하를 일으킬 때도 있다.). 하지만 정도가 가볍다면 '심장이 조금 커졌다.', '잡음이 들린다.' 정도일 뿐 반려인에게는 아무런 문제가 없는 것처럼 보인다. 중년기 개 중 많은 수가 잠재적

🦴 **노견이 많이 앓는 승모판 폐쇄 부전증(이미지)**

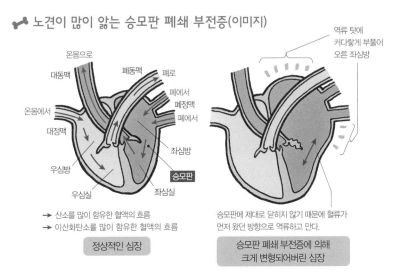

정상적인 심장

승모판 폐쇄 부전증에 의해 크게 변형되어버린 심장

개의 심장 문제의 대부분은 온몸에 혈류를 보내는 역할을 하는 좌측 입구 쪽의 판(승모판)의 이상이다.

으로 승모판 폐쇄 부전증을 안고 있다. 전부 다 심각한 증상이 되는 것은 아니지만, 심장 기능 저하가 원인이 되어 사망하는 예는 종양 다음으로 많은 것이 현실이다. 또한 카발리에 킹 찰스 스패니얼, 몰티즈, 노폭 테리어 등 **심장 질환에 매우 취약한 견종**도 있다.

완전한 치료는 불가능하므로 식이나 투약 등으로 악화 속도를 억제하는 치료가 주를 이룬다. 생존 기간은 개에 따라 다르다. 노쇠하여 온몸의 기능이 쇠퇴하여 죽을 때까지 '**괴롭지 않게, 심장 때문에 죽지 않게**'가 목표다. 실제로 이런 상태를 잘 유지하는 개도 많다. 반려인은 도중에 자기 마음대로 치료와 검사를 중단해서는 안 되며 오래 지속해야 한다.

또한, 누구에게나 주저 없이 권할 수 있는 치료법은 아니지만, 사람과 마찬가지로 심장에 **인공 판막**을 삽입하는 수술도 있다. 위험성이 크고 비용도 상당히 많이 들지만 '할 수 있는 일은 다 하고 싶다.'는 의향이 있는 반려인이라면 상급 의료 기관에 문의하도록 하자.

한편, 심장의 상태는 평소의 건강 진단을 통한 청진(聽診)이나 엑스레이 촬영, 조금 설비가 갖춰진 병원이라면 심장 초음파 검사나 심전도 검사 등으로 알 수 있다. 중년이 된 이후에도 정기적으로 엑스레이 검사를 받아서 건강했을 때의 엑스레이 영상과 비교해서 진단한다. 동시에 뭔가 좋지 않은 징후가 보이면 심장 초음파 검사를 하게 된다.

한편, 심장 그 자체에 대한 치료는 아니지만 **재택용 산소 흡입 장치**를 사용하여 떨어진 심폐 기능을 돕는 경우가 있다. 사람이라면 가는 튜브를 코 밑에 붙이고 그것을 통해 산소를 들이마시지만, 동물은 그런 것을 차분하게 붙이고 있지 않으므로 이동장을 비닐하우스 같은 투명 필름으로 씌우거나 투명 아크릴 판으로 된 전용 밀폐 이동장에 개를 넣은 후 그곳에 산소를 불어 넣는다. 하지만 여기까지 왔다면 안타깝게도 남은 시간이 얼마 안 된다고 봐야 한다. 대여업자가 한 달 단위로 장비를 빌려주므로 심기능 저하 치료와 함께 이런 기기를 마지막 단계에서 사용할지는 수의사와의 상담을 통해 결정하도록 하자.

② 간

간 기능 저하가 주원인이 되어 죽음을 앞당기는 예는 많지는 않다. 전체적으로 삶의 질이 높은 노후를 보내기 위해서는 **간 기능 저하가 판명되면 간의 작용을 돕는 처방식으로 변경하거나 투약을 해야** 한다. 간은 '침묵의 장기'라고 불리듯, 상당한 손상을 입었더라도 좀처럼 증상이 나타나지 않는다. 증상이 나타났을 때는 이미 말기여서 손을 쓰기 늦은 경우가 많다.

간은 종양이나 션트(Shunt: 본래 지나는 길과 다르게 우회하는 혈관이 있는 것) 등의 특수한 예를 제외하고는 외부로 증상이 나타나는 일은 극히 드물다. 대부분 정기 검진의 혈액 검사를 통해 발견되며, 악화하기 전에 치료를 시작한다. 자세히 검사하기 위해서는 간세포를 채취하는 등의 방법을 이용한다. 그러나 이것은 상당히 부담되는 치료이므로 아주 심각하게 나쁜 데이터가 나오지 않은 상태라면 간에 좋은 약을 투여하거나 식사를 개선한 후에 반응을 보는 경우가 많다.

종양이나 호르몬 이상과 같이 후천적으로 발생하는 병도 있지만 미니어처 슈나우저나 미니어처 핀셔 등은 선천적으로 간 장애나 고지혈증을 안고 있을 수 있다. 사람의 음식을 일상적으로 주거나, **확실하지 않은 지식으로 만든 불완전한 수제 식사는 상황을 더욱 악화시키기** 때문에 우선 그것을 개선한다. 그래도 나아지지 않으면 수의사의 처방에 따라 간 기능을 보조할 수 있는 저지방식이나 영양제, 치료약을 먹여야 한다. 나이를 먹으면서 발생하는 단순한 기능 저하라면 이 같은 기본적인 대응만으로도 악화를 최대한 늦출 수 있다.

③ 신장

　신장은 체내의 노폐물을 혈액에서 여과하여 소변으로 배출하는 일을 한다. 갓 태어났을 때, 이 '필터 기능'은 상당히 여력이 있다. 신장 한쪽을 기증해도 살아갈 수 있는 것은 그 때문이다. 하지만 신장은 나이를 먹음과 동시에 반드시 기능이 떨어진다. 심하면 신부전증으로 사망하기도 한다.

　신장에 해가 되는 음식이나 약물을 섭취했을 때나 배뇨 장애가 있을 때는 **급성 신부전**이 일어난다. 노화에 의한 쇠퇴로는 **만성 신부전**을 꼽을 수 있다. 그리고 **만성 신장병**이라는 새로운 호칭도 있다.

　고양이만큼 많지는 않지만, 개도 고령기에 들어서면 신장 기능이 떨어진다. 또한, 추이를 살펴보면 고양이보다도 치료의 성과가 크지 않다. 그리고 진단 후 죽음에 이르기까지의 기간이 짧은 편이다. 평소 일반적인 혈액 검사로 이상을 발견하는 것보다도 먼저 다음·다뇨가 나타나는 일이 많으므로 때때로 소변 검사를 하는 것만으로도 전조를 확인할 수 있다.

　하지만 증상이나 검사를 통해 깨달았을 때는 이미 기능이 기존의 30% 이하까지 떨어진 경우가 많다. 치료는 이 기능이 더욱 저하되는 것을 **'얼마만큼 늦출 수 있는지'**가 목표가 된다.

　외견상의 특징으로는 앞서 말한 다음·다뇨 외에, 체중 감소나 식욕부진, 구토 등을 꼽을 수 있다. 이 같은 증상들은 원인 불명의 몸 상태 불량에 의해서도 일어날 수 있지만 신장이 원인이 되어 나타날 수도 있으며, 그럴 경우 이미 꽤 진행된 상태일 수 있다. 더욱 빠르게 대응하는 것이 신장 기능을 오래 유지하는 것, 즉 오래 사는 것으로 이어진다.

한편, 최근에 개발된 외부 기관에 맡기는 새로운 혈액 검사에서는 기존의 검사보다 빠르게 신장의 이상을 알아낼 수 있으므로, 우리 집 개가 고령이라면 담당 수의사와 상담하여 적당한 시점에 검사해보는 것도 좋다.

간과 마찬가지로 신장에 부담을 주지 않는 식사로 변경하고 투약을 하는 것이 주요 **치료법**이다.

🦴 간의 병에 대한 처방식의 예

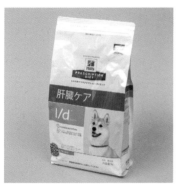

사진은 힐스의 'l/d'. 간의 부담을 줄이기 위해 쉽게 소화되는 단백질, 탄수화물을 사용하는 한편, 간의 재생에 이용되는 분지사슬아미노산(BCAA), 정상적인 지질 대사를 촉진하는 L-카르니틴, 결핍되기 쉬운 비타민K, 아연 등을 배합했다.

🦴 신장병에 대한 처방식의 예

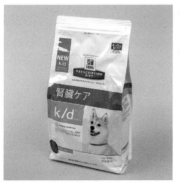

사진은 힐스의 'k/d'. 신장의 부담을 줄이기 위하여 단백질이나 인, 나트륨을 줄이는 한편, 오메가3 지방산을 추가했다.

관절·근육·인대의 쇠퇴

– 염좌나 탈구가 쉽게 발생한다

사람과 마찬가지로 개도 **근육·골격계**가 노화한다. 임상 현장에서는 특히 시바견에게서 뚜렷이 나타난다. 가동 범위가 좁아지고 동시에 근력도 떨어지는데, 처음에는 비틀거리는 정도지만 그러다가 일어서지 못하게 되고 결국 자기 힘으로 움직이지 못하게 된다.

딱딱한 뼈와 뼈는 관절로 이어져 있다. 관절은 연골과 윤활액, 그것들을 감싸는 막으로 되어 있는데, 나이를 먹으면 약해져서 맞물리는 부분에 염증이 생긴다.

또한, 관절의 접합부 부근의 뼈의 모서리가 돌출하게 되어 구부리거나 펼 때 통증을 느끼게 된다거나(퇴행성 관절염), 등뼈의 경우에는 그것이 이어져서 움직이지 못하게 된다(77페이지 사진 참조). 그래서 **일어서기나 앉기 등 일상적인 동작을 하기 어려워지는 것이다.**

심장이나 폐의 기능 저하에서 시작되는 운동량 감소는 그렇지 않아도 약해지고 있는 관절이나 근육에 치명타를 날린다. 운동량이 감소하면 근육량이 줄고 지방이 늘어 점점 더 움직이는 게 귀찮아진다. 그러다가 결국 일어나고 싶어도 일어날 수 없게 되어, 이른바 누워서만 지내는 노견이 되고 만다. 참고로 근육량이 감소하면 어떤 병이든 예후가 좋지 않다. **근육량을 유지하기 위해서는 식사와 운동 둘 다 중요**하다.

대형견이라면 손쓸 수 없을 정도로 몸 상태가 나빠지기 전에 수명을 다하는 경우도 많지만, 어느 정도의 보행 보조가 필요한 경우는 매우 자주 볼 수 있다. 이때 반려인은 전용 보조 기구 장착이나 욕창 방지를 위해 상당한 노력이 필요하다. 개의 몸집이 크기 때문이다.

대형견은 어리고 건강할 때는 좋지만, 노령기에 돌보려면 반려인의 체력이 필요하다는 점을 염두에 두어야 한다.

소형견은 원래 체중이 가볍기 때문에 휘청거리기는 하지만 완전히 일어서지 못하는 경우는 많지 않다. 재활 마사지도 반려인의 팔 힘으로 충분히 시행할 수 있다.

🦴 왜 관절이 나빠지는 걸까?

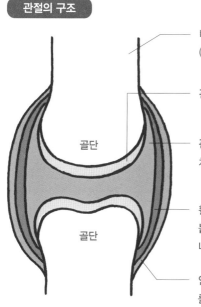

관절의 구조

골단

골단

뼈…밀도가 저하되면 강도도 저하된다. '골극(骨棘)'이 형성되어 통증이 생긴다.

관절 연골…완충재. 닳거나 변형된다.

관절강…끈적끈적한 '활액(滑液)'으로 가득 차 있지만, 나이를 먹으면 양이 줄어든다.

활막…안쪽에 있는 막. 인대 안쪽에 발린 듯 붙어 있다. 염증을 일으키면 말랑말랑해지거나 활액의 분비가 저하된다.

인대…주변을 확실히 고정하고 있지만, 나이를 먹으면 약해진다.

나이를 먹으면서 관절을 구성하는 각 부분이 탄력을 잃게 된다. 그 결과, 마찰이 커져서 손상과 염증이 진행되고, 관절의 기능을 잃게 된다.

소형견은 처음부터 무릎 인대가 느슨한 만성 슬개골 탈구를 안고 있는 경우가 많으며, 레트리버 계열은 고관절 형성 부전을 안고 있는 경우를 쉽게 볼 수 있다. 이런 기초 질환을 안고 있는 개는 노견이 되어 근력이 떨어졌을 때, **건강한 관절을 가진 개보다 더 빠르게 보행 능력에 지장이 생긴다.**

평소 적절한 체중 유지와 무리하지 않는 산책에 유념하고, 관절을 강화하는 영양제를 먹이거나 관절염을 위한 투약을 담당 수의사와 상의하자.

🐾 다치기 쉽고 잘 낫지 않는다

그리고 몸이 약해지면 약간의 울퉁불퉁한 땅이나 높이 차가 있는 곳에서 쉽게 넘어지곤 한다.

또한 40대 이상인 분이라면 많건 적건 경험이 있을 텐데, 어렸을 때는 손가락을 삐어도 2~3주 정도 움직이지 않으면 그냥 낫고는 했던 것이, 40을 넘기고 나서부터는(집필 시점에서 저자는 43세다.) 인대 손상이 좀처럼 낫지 않는다. 스스로 슬퍼질 정도로 치료에 시간이 소요되며, 2~3개월 정도 지나서 겨우 원래대로 돌아오기도 한다. 때에 따라서는 **뭔가 불편한 느낌이 그대로 남을 때도 있다.**

이것은 개의 경우, '일단 낫긴 했지만, 개 스스로는 불편함이 느껴지고 신경이 쓰여서 다리를 들게 되는 증상'과 같은 후유증을 낳기도 한다.

한편, 유연성을 잃은 인대가 본격적으로 찢어지는 **인대 파열**, 혹은 심하게 늘어나서 회복의 기미가 보이지 않는 **중도(重度)의 염좌**가 되면 수술이 필요하지만, 고령견이라면 전신 마취를 피하기 위해 안정을 취하며 참고 버티게 할 때도 있다.

🦴 퇴행성 관절염

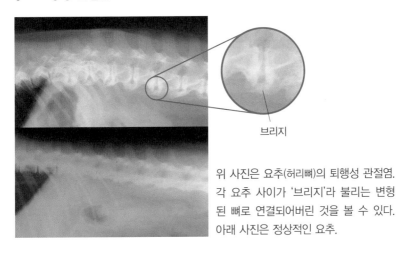

브리지

위 사진은 요추(허리뼈)의 퇴행성 관절염. 각 요추 사이가 '브리지'라 불리는 변형된 뼈로 연결되어버린 것을 볼 수 있다. 아래 사진은 정상적인 요추.

🦴 말총 증후군을 일으킬 때도 있다

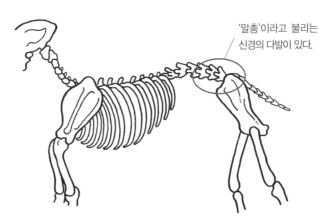

'말총'이라고 불리는 신경의 다발이 있다.

개의 말총 증후군. 요추의 선천성·노령성 변형이나 교통사고 등의 외상에 의하여 하반신의 신경에 장애가 일어나면 배변·배뇨 곤란, 뒷다리~꼬리의 운동 능력이 떨어지는 등의 증상이 나타난다.

사람은 물론 반려동물도 의료 기술의 향상으로 평균 수명이 크게 늘었다. 그에 따라 사망 원인은 암이 많아졌다. 한편 생활상에 불편을 주는 인지 기능 장애 또한 자주 화제에 오르게 되었다. 인지 기능 장애 증상은 대개 사람과 비슷하며, 다음과 같은 것을 꼽을 수 있다.

- 수면이나 식사 시간이 불규칙해진다.
- 목적 없이 어슬렁거린다.
- 이유 없이 공격적이다.
- 불분명한 목적으로 짖는다.
- 멍하니 있는다.
- 익숙하던 지형, 인물, 화장실 사용법 등을 잊는다.

이 또한 육체적인 한계가 먼저 찾아오기 쉬운 대형견은 그다지 문제가 되지 않지만, 평균 수명이 긴 소형견, 중형견은 정도의 차이는 있지만 어떤 형태로든 반려인이 돌보는 것에 어려움을 느끼고 동물병원에 상담하러 오는 일이 많다.

뇌의 움직임이 저하되는 것을 조금이라도 늦추기 위해서는 **식이 요법**, 뇌의 활성화를 도모하는 **영양제의 투여, 생활 습관의 연구**로 뇌에 흘러드는 자극을 늘리는 방법이 있다.

식이 요법은 2~8주간은 계속하지 않으면 효과가 나오지 않는다. 해외에서는 힐스의 'b/d', 퓨리나의 '뉴로케어' 등의 처방식이 있지만, 현재 일본에서는 판매되지 않는다. 일반 반려인이 구매 가능한 것으로서는 처방식은 아니지만, 힐스의 사이언스 다이어트 프로 '건강 가드 뇌(2,300엔 전후/1.6kg)'를 꼽을 수 있다.

영양제는 여러 종류가 판매되고 있는데, 간 수치가 높을 때 처방되는 'SAMe'가 인지 기능 장애를 앓는 개에게는 4주간 투여로 40% 효과를 보았다는 보고도 있다(94페이지의 칼럼3 참조). 신경 전문의는 항산화 작용이 있는 영양제(비타민C, 베타카로틴, 카로티노이드, 플라보노이드 등)가 매우 유효하다고 한다. 이와 같은 영양제를 병용하는 것도 좋겠다.

🐾 생활 습관을 연구한다

외부에서 오감을 자극하면 뇌는 건강을 유지한다. 건강하던 노인이 부상 등으로 자리보전하게 되면 급격하게 늙어서 인지 기능 장애가 심해지는 일이 잦다. 이것은 타인과의 대화, 눈에 비치는 풍경의 변화, 서서 걷는 것을 통한 운동 자극이 격감하기 때문이며, 이런 자극을 가능한 한 길게 제공하면 죽기 직전까지 맑은 정신을 유지할 수 있다.

구체적인 방법은 **제5장**에서 설명하겠지만 일단 간단히 소개하겠다.

- 최대한 함께 지내면서 몸을 만지고 대화를 나누는 시간을 만든다.
- 보행 보조 기구를 통해 공중에서 헤엄치는 상태가 되더라도 산책을 계속한다.
- 간식을 넣은 장난감을 눈앞에 흔들거나, 목적 달성을 위한 연구를 스스로 하도록 한다.

원래의 일상생활을 유지하면서 매일매일 조금씩이라도 변화를 주는 것이 핵심이다. 변화가 없는 평탄하고 단조로운 생활은, 어느덧 뇌의 활성을 낮춰버리기 때문이다.

악화하면 무서운 기관 질환
- 코가 납작한 개에게는 숙명이지만

만약 이 글을 읽는 분이 남성이라면, 목의 중간에 튀어나온 갑상 연골을 만져보기 바란다. 조금은 말랑거리는 딱딱한 **연골**의 감촉을 느낄 수 있을 것이다. 거기에서 아래쪽을 살펴보면, 호흡을 하기 위한 '파이프', 즉 **기관(氣管)**이 이어질 것이다.

기관은 주변의 근육이나 식도의 압력으로 인하여 눌리면 큰일 나므로 세탁기의 배수 호스처럼 링 형태로 된 연골 '보강재'가 들어 있다. 하지만 이 강도가 태어날 때부터 낮은 개가 많으며, 나이를 먹으면 더욱 약해지는 일이 많다. 구체적으로는 퍼그나 시추, 불도그 등이다.

이들 견종은 콧구멍이 조그맣고 목 안쪽이 매우 좁으며 기관이 작고 약하다는 선천적 특징을 가지고 있으며, 이들의 호흡 장애를 **단두종 기도 증후군**이라고 한다.

코가 짧은 개는 마치 목줄을 뒤로 잡아당기기라도 한 듯이 항상 킁킁거린다. 공기의 순환이 나빠서 힘을 줘서 호흡하는 것이다. 나이를 먹으면 오랫동안 힘을 주어 무리하게 호흡해온 데다가 기관 연골의 약화나 단두종 기도 증후군 특유의 약화가 더해져 기관과 목이 변형된다. 그러면 공기가 더 통하지 않게 되어 더욱 힘을 줘서 호흡하게 되고 그에 따라 기관과 목이 더욱 변형되는 악순환에 빠지게 된다.

한편, 단두종이 아닌 경우에는 콧구멍에서 목까지의 공기의 흐름은 괜찮지만, 기관 연골이 약해서 호흡 곤란이 발생하는 경우가 소형견을 중심으로 매우 자주 확인된다.

그 결과, 둥글고 'ㅇ'형이었던 기관의 단면이 'ㅇ'형이 되고, 더 진행되

🦴 연구개 과장증

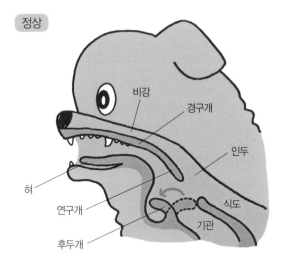

정상

비강
경구개
인두
혀
연구개
후두개
식도
기관

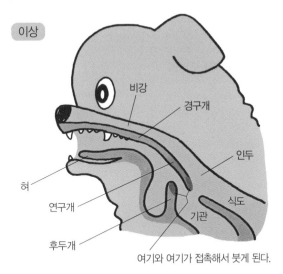

이상

비강
경구개
인두
혀
연구개
후두개
식도
기관

여기와 여기가 접촉해서 붓게 된다.

단두종 기도 증후군의 일종인 연구개 과장증에서는 후두개와 늘어난 연구개가 접촉하여 염증을 일으킨다.

면 호흡에 맞추어 배 쪽과 등 쪽이 딱딱 접촉하게 되어 엄청난 기침이 나오게 된다. 이것이 **기관 허탈**이다.

주로 소형견과 중형견에게 발생하지만, 대형견도 없지는 않다. 노견이 될수록 증상이 심각해지지만 대형견이라면 대부분 그 전에 노쇠나 다른 질환에 의해 사망하므로 그다지 화제에 오르지 않는다.

소형견은 중성화 수술 시의 엑스레이 검사를 통해 기관이 가늘고 좋지 않은 상태로 찍힐 때가 있다. 그 밖에 단두종, 카발리에 킹 찰스 스패니얼, 중년 이후의 시바견에게 많은 증상이지만, **개 대부분에게 발생하기 쉬운 극히 일반적인 질환**이다.

유전 요소와 노화에 크게 영향을 받지만, 그 밖에도 비만이나 일상적으로 강한 힘이 실린 호흡을 하는 것이 악화의 원인이 된다. 목줄이나 끈 형태의 하네스(Harness)를 장착하고 강하게 끌어당기면서 산책하면 목 부분을 압박하여 호흡이 괴로워진다.

🐾 악화시키지 않는 3가지 포인트

사육이나 관리의 질에 의해 극적으로 개선하기는 어렵지만, '비만견으로 만들지 않는다.', '호흡에 부담이 가는 운동을 피한다.', '목줄보다는 가슴에 대는 형태의 하네스로 바꾸어 목에 압력이 가지 않도록 한다.' 등의 대책을 행한다.

기관 허탈은 근본적인 치료는 불가능하지만, 평소의 호흡 상태와 엑스레이 검사를 통해 알 수 있으므로 이른 시점에 진단을 받으면 이런저런 대처가 가능하다. 한편, 심한 경우에는 엑스레이 사진에 뱀이 몸을 꼰 형태로 찍히는 예도 있다.

증상을 완화할 목적으로 내과적으로 투약을 행하지만, 평소의 기관지염과 다르게 물리적으로 변형된 상태가 원인이기 때문에 눈에 띄는 개선은 기대하기 어렵다. 최근에는 축 늘어진 기관을 둥글게 제대로 세우기 위해 합성수지 부품을 심는 외과 수술도 하지만 일부 동물병원에서만 시행하며 비용도 상당히 많이 들므로 우선은 기존의 치료를 통해 애써보도록 하자.

기관보다도 더 앞, 코에서 목 사이의 변형이 원인인 단두종 기도 증후군의 경우에는 공기의 흐름을 방해하는 부분에 성형 수술을 하기도 한다. 최근에는 비공(鼻孔: 콧구멍)이 좁은 경우, 중성화 수술을 할 때 비공을 넓히는 수술을 하는 것도 좋다는 말이 있다. 목 안쪽이 아니라 비공만 수술하는 것은 입구 부분을 쐐기꼴로 조금 잘라서 약간 꿰매는 정도이기에 간단하다. 이 수술로 코의 공기 흐름이 좋아지고 호흡 시의 목의 눌림도 완화할 수 있다. **이것만으로도 증상이 큰 폭으로 개선되는 경우도 많다.** 다만 수술 후에 부어서 반대로 기도가 막혀버리는 등의 위험성도 있기 때문에, 이것 또한 시행할지 여부는 증상에 따라 신중하게 검토해야 한다. 미국에서는 수술에 익숙한 수의사가 레이저로 수술한 후, 강한 스테로이드를 사용해 염증을 제대로 컨트롤하면 수술 후의 경과가 양호하다는 보고도 나오고 있다.

🦴 기관 연골의 변형

막

연골

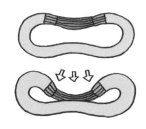

정상
정상적인 기관은 원형을 띠고 있다.

기관 허탈
막과 연골이 약해져서 타원형이 된다. 강하게 호흡하면 중앙이 눌러서 공기가 거의 통하지 않게 된다.

본래 개가 산과 들에서 사냥하며 식사를 해결하던 때는 치아에 부착되는 '먹고 남은 찌꺼기'는 거의 없었다. 하지만 현대의 반려견은 인간이 만든 사료를 먹기 때문에 극히 당연하게도 **치구**와 **치석**이 생기게 되었다.

'원래 개는 **양치**를 하지 않는 야생 동물이기에 양치할 필요가 없다.'는 이론은 현대의 사육 환경에는 맞지 않는다. 상응하는 케어를 하지 않으면 **치석의 대량 축적에서 치조 농루로 발전**한다.

특히 조악한 브리더(Breeder)* 등은 부드럽고 고영양인 습식 사료를 대량으로 급여하며 당연히 양치도 해주지 않는다. 일본에서는 브리더가 파산하면 소유하던 개들은 보건소로 보내지는데, 그런 개들을 진단하면 대개 심한 치주 질환을 앓고 있다. '부드러운 음식만 주고 전혀 보살피지 않으면 이렇게 된다.'라는 것을 보여주는 나쁜 예시라 할 수 있다.

그 밖에도 나이와는 관계없이 딱딱한 장난감을 자주 씹을 경우 치아가 이상하게 마모되거나 치아가 부러져 치수(齒髓)가 보이며 염증을 일으킬 수 있다.

이것은 특히 **막대기 형태의 간식이나 장난감을 앞발로 누른 채 어금니로 씹을 때 빈번히 발생**하는 것으로 알려져 있다. 간식이나 장난감 자체는 그렇게 딱딱하지 않더라도 생선 비늘이 벗겨지듯 위쪽 어금니가 판상으로 깨지고 만다. 이렇게 되는 이유는 씹을 때 어금니가 막대기 형태의 것을 누르고 있으면 '지렛대 원리'가 작동하여 힘이 강하게 들

* 〈역자 주〉 새끼를 낳아 팔 목적으로 동물을 기르는 사람.

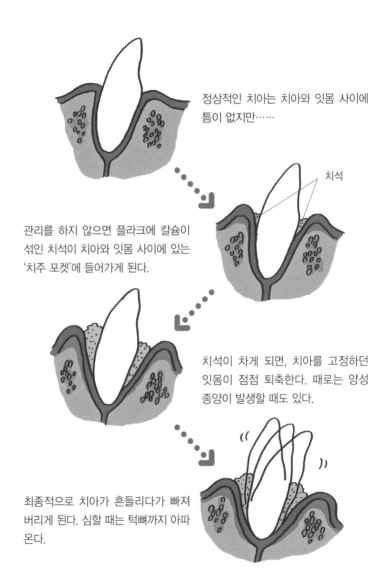

정상적인 치아는 치아와 잇몸 사이에 틈이 없지만……

치석

관리를 하지 않으면 플라크에 칼슘이 섞인 치석이 치아와 잇몸 사이에 있는 '치주 포켓'에 들어가게 된다.

치석이 차게 되면, 치아를 고정하던 잇몸이 점점 퇴축한다. 때로는 양성 종양이 발생할 때도 있다.

최종적으로 치아가 흔들리다가 빠져 버리게 된다. 심할 때는 턱뼈까지 아파 온다.

어가기 때문이라고 생각된다.

이런 문제를 해결할 수 있는 간식이나 장난감은 많지 않지만, 고무에 가까울 정도로 부드럽거나 막대기 형태가 아닌 것을 고르는 것이 좋을 것이다. 참고로 '그리니즈(Greenies)'라는 양치 전용 껌이 있는데 제조 회사에서 꽤 오래전부터 이 문제를 파악하여 치아가 부러지지 않도록 최적의 강도의 제품을 만들어서 판매하므로 막대기 형태여도 문제없다.

하지만 이런 한정된 종류의 간식이나 장난감을 반려견이 좋아해줄 것인지 여부는 실제로 시도해보지 않으면 알 수 없다.

🐾 평소에 입을 만져서 익숙해지게 한다

치석을 제거하기 위해서는 입을 만져도 싫어하지 않도록 **평소에 입을 만지는 것에 익숙해지게 만들어야 한다**. 노견이 된 후에 '이제부터 본격적으로 양치하자.' 싶어서 시작하면 쉽지 않다.

양치에 익숙해지게 만들기 위해서는 가능한 한 빠른 시기에 시작해야 한다. 쓰다듬으며 스킨십할 때 머리를 주무르다가 그 틈을 타서 손가락을 잇몸에 조금씩 댄다. '입을 만져주는 것은 애정표현이다.'고 생각하도록 학습시키는 것이다. 제대로 이뤄지면 입을 크게 벌리고 구석구석까지 관찰하면서 치아의 뒷면까지 만질 수 있게 된다.

한편, '양치 효과'가 있다고 선전하는 껌이나 장난감은 어디까지나 보조적인 것이다. 껌이나 장난감이 닿는 어금니 부위는 그 나름대로 치석을 예방할 수 있지만, 그 외의 부분에는 거의 의미가 없으므로 **결정적인 효과는 기대하지 않는게 좋다**.

그 밖에도 이가 빠진 구멍이 **비강**과 이어져버린 탓에 재채기나 비염을 일으키거나, 염증으로 녹은 턱뼈가 뭔가에 부딪혀 조각조각 깨져버리는 예, 깊은 곳까지 침식한 치조 농루의 농(고름)이 눈 아래나 울대뼈 근처에서 피부를 찢고 분출한 예도 있다.

　대개 꽤 고령이 된 개이므로 과감하게 수술할 수도 없어서 항생 물질로 어떻게든 억누르는 애매한 처치밖에 할 수 없는 일이 많으며, 그렇게 되기 전에 예방하는 것이 무엇보다도 중요하다.

🦴 면장갑으로 치아를 닦아내자

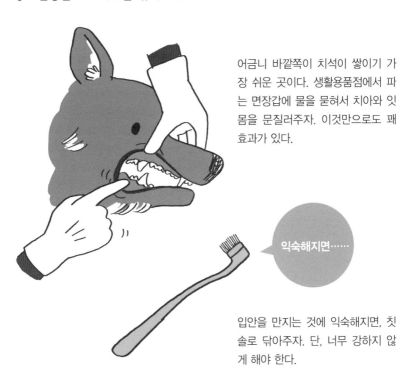

어금니 바깥쪽이 치석이 쌓이기 가장 쉬운 곳이다. 생활용품점에서 파는 면장갑에 물을 묻혀서 치아와 잇몸을 문질러주자. 이것만으로도 꽤 효과가 있다.

익숙해지면……

입안을 만지는 것에 익숙해지면, 칫솔로 닦아주자. 단, 너무 강하지 않게 해야 한다.

녹지 감소와 세계적인 환경 변화 때문인지 여름의 평균 기온이 40년 정도 전과 비교해 약 1.5도 올라서 인간에게나 동물에게나 큰 부담으로 작용하고 있다. 일본의 일부 지역은 그야말로 온대가 아니라 아열대라고 생각하는 것이 좋을 정도다.

일본의 고온 다습한 기후는 개에게도 그다지 좋은 환경이 아니다. 왜냐하면 개의 피부는 고온 다습한 환경에 적합하지 않기 때문이다.

특히 서양견의 '고향'은 유럽이며, 유럽은 일본보다 상당히 건조하다. 따라서 유럽에서는 큰 문제가 되지 않더라도 **일본에서 살면 피부염을 일으키기 쉽다.**

더욱이 나이를 먹고 피부의 저항력이 약해지면 그때까지 그다지 눈에 띄지 않았던, **사소한 습진이 심각해진다.**

산책이나 풀밭에 깊이 들어가는 횟수가 줄어들었다고 해도, 역시 벼룩이나 진드기의 예방약은 중요하다. '산책을 전혀 하지 않는다.'는 반려인이 아니라면 지금까지처럼 계속해야 한다. 모낭충(사람도 포함하여 많은 동물에 상주하는, 눈에 보이지 않는 크기의 진드기)도 숙주의 면역력이 약해지면 습진과 탈모를 일으킬 때가 있다.

강렬한 가려움과 염증을 일으키는 옴도 종종 발생하지만, 최근의 예방약은 이 옴을 포함하여 꽤 넓은 범위의 기생충을 하나의 약으로 예방할 수 있다. 생활 환경이나 과거의 병력에 따라 최적의 약을 수의사에게 골라달라고 하자.

🐾 생활 패턴의 '안전 수칙'을 지킨다

알레르기성 피부염, 아토피성 피부염(면역 불안정 상태가 근본적인 원인인 알레르기성 피부염으로 특히 까다롭다.)은 어느 쪽이든 완치할 수 없는 질환이지만, 이것도 노화에 따라 일반적으로 악화된다. 면역을 돕는 각종 약이나 영양제, 처방식을 통해 버틸수 있지만, 이것 또한 솔직히 낫지 않는다.

하지만 면역을 제어하는 방면의 수의학 기술은 진보가 눈부시며, 신형 약이나 처방식 등이 속속들이 개발되고 있다.

약이 효과를 발휘할지 못할지는 개체차가 크며, 모든 개에게 효과가 있는 최강의 치료법이라는 것은 없다. 다만 세세한 치료를 거듭함으로써 개가 스스로 피부를 긁어서 상하게 하지 않는 수준을 목표로 하게 된다.

개 대부분은 노령기에 이르기까지 몇 번쯤은 피부 질환을 앓는다. 그때마다 담당 수의사로부터 **생활 패턴의 안전 수칙**이라고 할 수 있는 설명을 들었을 것이다. 그렇게 설명을 들은 내용에 따라 음식, 환경, 샴푸, 투약, 영양제를 사용하도록 하자.

그런데도 명확하게 원인을 알 수 없는 세균 감염, 진균 감염의 횟수는 늘어난다. 개가 약해진 상태라면 가려움을 호소하는 신호가 명확하지 않아지고, 누워 있는 아랫부분의 피부를 관찰할 기회도 줄어들게 된다.

바깥에서 키우는 채로 노령을 맞이한 대형견의 경우, 치명적인 수준까지 염증이 진행되고 나서야 겨우 내원하는 경우도 눈에 띈다. 바깥에서 키우더라도 개의 **온몸을 모든 방향에서 밝은 빛 아래에서 확인하는** 습관을 들이자.

발바닥의 각질을 깎고, 발톱을 자른다
- 코끝 각질도 제거한다

발바닥 볼록살의 **각질**은 보이는 것처럼 다른 피부와는 구조가 다르다. 동물의 발바닥이라는 것은 걸음으로써 끊임없이 닳게 되므로, 꽤 빠른 속도로 각질이 만들어지며 두꺼워진다.

사람의 발바닥과는 다르게 개의 볼록살은 한 장으로 된 판상의 각질층이 아니라, 작은 구획으로 나뉘어 있으며 구획마다 '솔' 같은 막대기 형태의 '각질의 기둥'이 자라난다.

마모되는 속도와 균형이 맞을 때는 문제없지만, 노견이 되어 기운 좋게 바깥을 걸어 다니지 않으면 각질이 쌓이기 시작한다. 여러분이 키우는 개의 볼록살을 확인해보자.

장구(掌球)와 **족저구(足底球)**의 측면은 운동량이 적어지면 그다지 줄어들지 않게 된다. 걷는 자세에 따라서 닳는 방식에도 개체차가 있으므로 네발을 모두 확인해보자. 강한 힘이 들어가는 중앙은 부드럽고 탱탱하며, 주변부는 조금 뻣뻣하며 두툼할 것이다.

이를 오랫동안 방치하면 힘이 들어간 순간 각질 덩어리가 뿌리 부근부터 떨어져나가서 출혈이나 통증, 염증을 일으킨다. 떨어져나가지 않았더라도 금이 가고 쪼개져 피부가 완전히 갈라져서 피하 조직까지 보일 때도 있다.

진행도나 상황에 따라서 대책은 다르지만, 초기라면 따뜻한 물로 불려서 마사지하는 등 **두툼해진 각질을 사람의 손으로 제거하자.** 또한 사람용 각질 제거 크림을 바르는 것도 좋다.

피부가 갈라져서 출혈이 생긴 경우에는 동물병원에서 처치를 받아야

🦴 개의 볼록살의 부위명

검은 볼록살 중심부가 옅은 핑크색이 되었다면 너무 마모되었다는 신호다. 더 마모되면 피가 배어나오는데, 이는 그 직전 상태다.

🦴 벗겨진 볼록살

두툼해져서 유연성을 잃고 커다란 블록 상태로 벗겨져 떨어진 상태다. 벗겨진 곳은 살아 있는 피부 세포가 드러나게 되어 통증이 있다. 개가 걷는 것을 싫어하거나, 너무 핥아서 염증이 더욱 심해지는 경우도 많다.

한다. 이때는 살아 있는 세포에 닿을락 말락 할 정도로 가까운 부분까지 신중하게 메스로 각질을 자르고 나서 항염증제와 항생제를 처방하여 가정에서 1일 2회 크림을 바르도록 한다.

때에 따라서는 반창고와 순간접착제로 고정한다. 다만 이것은 저자의 경험칙과 시행착오를 바탕으로 한 개인적인 처치이므로, 담당 수의사의 방식에 따라 적절하게 처치해달라고 하자.

각질이 두툼해지는 속도에는 개체차가 있으므로 특별한 처치를 하지 않더라도 '조금 두꺼운가?' 싶은 정도에서 그치는 개도 드물지 않다. 하지만 각질이 심하게 두꺼워지면 알레르기, 감염, 호르몬 이상, 내장의 병 등 다른 원인이 있을 수 있으므로 수의사와 상담하자.

또한 **걷지 않으면 발톱도 너무 많이 자라게 된다.** 둥글게 말려서 자신의 볼록살을 찌르거나, 고름이 생기는 예도 가끔 본다. 그다지 어렵지 않으므로 각질과 발톱은 제대로 관리하도록 하자.

🐾 코끝의 각질도 제거한다

한편, 같은 현상이 코끝에도 일어난다. 운동에 의한 마모와는 관계없는 장소지만, 중년 이후 코의 상단 부근을 중심으로 **딱딱한 각질 덩어리**가 생기게 된다.

부위가 부위인 만큼 개가 좀처럼 가만히 있어주지 않지만, 물에 적신 면을 대는 등의 방식으로 개의 혀가 닿지 않는 부분도 촉촉하게 만들어주자.

건조된 상태의 덩어리가 뿌리 부분에서부터 떨어져나가면 피가 난다. 각질 덩어리에 충분한 수분을 흡수시켜서 부드럽게 만든 후에 살살 블록을 문질러서 조그만 조각으로 만들어 제거해주자.

목욕을 시킬 때 깨끗하게 정리해주는 것도 좋다.

🦴 솔 형태로 자란 볼록살

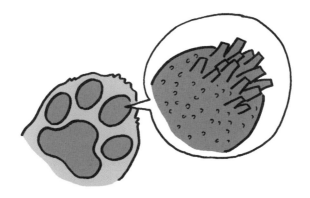

각질이 2cm 정도나 자라서 '붓'처럼 된 개도 진찰한 적이 있다.

🦴 코끝의 '각질 블록'

코끝에는 혀로 핥기 어려운 부위가 많아서 각질이 생기는지는 모르겠지만, 어찌 됐든 이것도 방치하면 큰 덩어리로 떨어져나가서 출혈이 생기게 된다.

놀라운 효과를 보인 'SAMe'란?

이전에는 '간 장애에 효과가 있다.'며 SAMe(S-아데노실메티오닌)라는 개용 알약이 제품화된 적이 있었다. 하지만, 의약품과 식품의 법률적 구분 때문에 다툼이 있었던 모양인지 판매가 종료됐다. 이와 동일한 제품은 오랜 기간 판매되지 않았지만, SAMe는 최근 간뿐만 아니라, 인지 기능 장애, 퇴행성 관절염의 완화에도 효과가 있다고 밝혀졌기에 수요가 점차 늘고 있다.

일본에서는 성분 그 자체를 상품 이름에 넣으면 의약품 취급을 받기에 농림수산성이나 후생노동성의 허가가 필요하고, 그에 따라 시간과 비용이 소요되는 모양이다. 조사해보니, 별로 유쾌하지 않은 사정을 이모저모 알게 되었다.

그래서 현재는 이런 귀찮은 상황을 피하기 위해 SAMe가 들어 있는 SS 효모가 반려동물용의 영양제로 판매되고 있다. 동물병원에서 구하는 것도 가능하다. SS 효모에 들어 있는 SAMe의 양은 효모 중량 대비 약 8%, 흡수 효과는 알약의 2.5배라고 한다. 1kg당 100~200mg 투여하도록 기재되어 있는데, 이것은 일반 알약으로 20~40mg에 해당한다.

판매가 종료된 과거의 개용 알약에는 '체중 1kg당 20mg을 1일 1회 투여하라.'고 적혀 있었기에 대략적인 계산은 맞다. 간 장애, 인지 기능 장애, 퇴행성 관절염은 어느 것이든 노령기에 자주 발생하는 문제이며 이것에 유효한 SAMe를 적극적으로 이용해볼 가치는 있다. 한편, 충분한 효과를 발휘하기 위해서는 비타민B군과 엽산을 충분히 보급해야 한다. 저자의 병원에서는 간 효소 상승이나 기능 장애를 일으킨 개를 대상으로 간장약 믹스 분말과 함께 사용한다.

노견에게 맞는 최적의 사료를 생각하다

개의 몸은 '먹은 것'으로 만들어지므로 식이는 건강을 유지하는 데 무척 중요한 요소다. 따라서 잘못된 지식으로 부적절한 식이를 공급하면 개의 건강을 해칠 가능성이 있다. 제4장에서는 노견에게 적합한 식이에 관해 이야기하겠다.

노견에게는 어떤 사료를 줘야 하는가?

– 처방식은 반드시 수의사의 지도하에 사용한다

반려동물 산업의 발전과 반려동물의 고령화에 의해, 최근 10~20년 사이에 사료의 종류도 비약적으로 늘었다. 가격과 품질에 따라 차이는 있지만, 어찌 됐든 세세한 목적별로 많은 사료가 나오고 있다. 일본인은 '~전용'이라는 광고 문구에 약해서인지 일본 회사에서는 '조금 심한 것 아닌가?' 하는 생각이 들 정도로 세분화된 제품이 생산된다. 이런 현상을 뒤따르듯 해외 사료 회사도 맛이나 알갱이의 형태에 변화를 준 자매품을 다수 내 놓았다. 이에 따라 수의사도 이전보다 많은 선택지가 생겼다.

수의사는 개의 상태에 따라 적절한 사료를 제안한다. 완전히 같은 콘셉트로 개발된 사료도 여러 종류가 있다. 솔직히 '이 중에서 더 좋은 사료를 알려달라.'는 말을 들어도 쉽게 고를 수가 없다. 그 경우에는 **적당한 시험을 통해 개가 선호하고 소화 상태도 괜찮은 사료를 골라야** 한다. 이제부터 사료를 선택할 때 참고할 만한 포인트를 몇 가지 소개하겠다.

🐾 개가 이미 병을 앓고 있다면

연령대별 사료를 논하기 전에 특정 질환을 완화하기 위해 개발된 사료인 **처방식**을 먹여야 할 때가 있다. 이런 상황이라면 당연히 처방식을 최우선에 두어야 한다. 그중에서도 성견용과 노견용으로 나뉜 경우라면 노견용을 급여한다. 하지만 현재 그렇게까지 구별된 사료는 많지 않다. 전체적인 노화 정도와 질환의 상태를 살핀 후 수의사가 사료 후보를 몇 가지로 추린다. 그중에서 개가 좋아하고 배변도 안정적인 사료를 선택하자.

🐾 비만이 되면

반려견이 비만일 경우 그저 너무 많이 먹는 개라면 사료 양을 적당량으로 줄인다. 많이 먹는 습관이 들어서 적당량으로는 못참는 개라면 한천, 젤라틴, 실곤약, 잘게 자른 채소 등으로 양을 늘리는 방법도 있다. 이렇게 해도 살이 안 빠질 때는 다이어트 목적으로 나온 시판용 저칼로리 사료나 처방식으로 바꾼다.

이는 저자가 개인적으로 선호하는 순서다. 개에게 이미 익숙한 사료로 조절할 수 있다면 그것이 더욱 안전하다고 생각하기 때문이다. 사료를 바꾸면 때로는 생각지 못한 설사나 구토를 일으키기 때문에 처음부터 권하지는 않는다.

시판되는 저칼로리 사료는 일반적인 반려인이 깊게 생각하지 않고 사용해도 문제가 일어나지 않도록 '성능'이 약하다. 반면에 수의사의 지도하에 급여하는 것을 전제로 제조된 처방식은 효과가 크다. 그 대신 **사료의 특성을 제대로 파악하지 않고 반려인이 제멋대로 판단해서 급여하면 오히려 건강을 해칠 우려가 있다.** 그러니 반드시 담당 수의사와 상의한 후에 급여해야 한다.

사료를 바꿀 때는 한 번에 갑자기 하지 말고 서서히 해야 한다. 이상적인 것은 일주일에 걸쳐서 바꾸는 방법이다. 1~2일째는 기존 사료에 새로운 사료를 25% 섞고, 3~4일째는 50%, 5~6일째는 75%, 7일째에는 100% 새 사료를 주는 식이다. 일주일에 걸쳐서 서서히 바꾸면 우선은 안심할 수 있지만, 메뉴의 변화가 심할수록 시간이 걸리므로 바꾸는 데 어느 정도의 시간을 들일지 담당 수의사와 상의하도록 하자.

개가 비만인 이유는 간식을 많이 먹이는 등의 단순 과식 때문인 경우가 꽤 많다. 그런 개라면 다이어트용 사료로 바꿈으로써 빠르고 큰 효과를 기대할 수 있다. 또한, 가족 중에 간식을 자주 주는 '배신자'가 있을 때도 많다. 우선은 반려인의 가족 모두가 '개에게 적당량 사료만 준다.'는 의식으로 철저히 무장해야 한다. 몰래 주는 간식을 조절하지 않고 주식만 바꾸면 다이어트에 전혀 도움이 되지 않는다.

예를 들어 체중을 줄이고자 주식의 내용과 양을 바꿨는데 누군가 몰래 아이스크림이나 빵 등을 준다면 심각한 영양소 편향이 생긴다. 근육은 점점 주는데도 군살만 퉁퉁하게 붙어 있는 최악의 영향 불균형을 초래한다. 어디까지나 저자 개인적인 인상이지만, 연배가 있는 분일수록 가족은 물론 수의사가 하는 말을 좀처럼 듣지 않는다.

주지 말라고 당부해도 몰래 주는 사람이 있다면, 하루 분량의 주식에서 간식으로 주는 양을 제한다. 그런 다음 간식을 조그만 밀폐 용기에 넣어서 식탁 위에 놓아두고 개가 간식을 달라고 할 때 그 통에서 꺼내 준다. 이렇게 **정해진 양 외의 먹을 것을 주지 않도록 유도해야 한다.** 간식을 먹을 때 개가 기뻐하는 표정을 보는 즐거움을 단번에 자르기보다는 '차선책'을 준비해두는 것이 포인트다.

저자의 대학 시절 친구이자 현재 미국에 사는 수의사한테 들은 일화가 있다. 어느 반려인이 '우리 개는 많이 먹지도 않는데 뚱뚱해요!'라고 말하기에 '그럼 그건 정말 큰 문제네요. 갑상선 기능이 저하되었을지도 모르니 500달러 정도 하는 검사를 해봅시다.'라는 말을 꺼내자마자 '아 그러고 보니 간식을 너무 많이 준 것 같아요.'라며 갑자기 떠올랐다는 듯 말한 반려인이 있었다고 한다(갑상선 기능이 저하된 경우에도 개가 살이 찔 수 있다.).

한편, 산책 시간을 늘려도 칼로리 소비는 크게 달라지지 않는다. 노견은 다리와 허리가 약해진 상태이므로 너무 많이 산책하면 반대로 몸이 상할 수도 있으니 주의하자.

🦴 목표 체중별·유지 체중별 적정 사료 급여량 예시

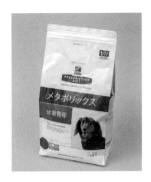

체중 감량 시	
목표 체중(kg)	급여량(g)
2	38
2.5	45
3	51
3.5	58
4	64
4.5	70
5	75
6	86
7	97
8	107
10	127
15	172
20	213
30	289
40	359
50	424

체중 유지 시	
유지 체중(kg)	급여량(g)
2	61
2.5	72
3	82
3.5	92
4	102
4.5	112
5	121
6	138
7	155
8	172
10	203
15	275
20	341
30	463
40	574
50	679

위 사진은 식이 요법에 사용되는 힐스의 처방식 '메타볼릭'. 아래 표는 1일 급여량이다.
'매우 적다.'라고 느낄지도 모르지만, 비만으로 이어지는 요소를 배제한 결과다.

🐾 딱히 질환이 없는 경우

소화기계나 내장의 상태를 살펴보면서 나이에 걸맞은 대응 사료를 고른다. 다만 지표가 애매해서 좀처럼 결정하기가 쉽지 않다. 사람도 80~90세임에도 술을 마음껏 마시고 고기를 잔뜩 먹는 사람이 있는 한편, 60세 정도밖에 안 됐는데도 '저녁 식사는 가볍게 국 하나 반찬 하나에 탕두부 정도로 충분하다.'라는 사람도 있다. 나이만으로 본인의 위장 상태나 필요 영양량을 결정하기란 불가능하다는 말이다.

이에 관해서는 아마도 수의사도 저마다 의견이 다를 것이다. 더욱 훌륭한 노견용 사료가 개발·개선되고 있으므로 개의 상태를 보면서 상담한 후 결정하면 된다.

다만 사료 포장지에 기재된 나이에 맞춰서 고령용으로 바꾸었는데 모질이 나빠지거나 살이 빠지거나 변 상태가 불안정해지는 경우가 있다. 아마도 실제 나이보다 개의 육체가 젊은데 너무 이르게 노견용 사료로 바꿈으로써 **오히려 영양 부족이 발생**한 상태라고 볼 수 있다.

이런 현상은 다이어트 사료가 출시된 초기에 자주 볼 수 있었다. 그러나 현재 판매되고 있는 다이어트용 처방식은 성분이 개선되어 그런 예가 전보다 줄었다. 하지만 성분은 제조 회사에 따라 다르다.

어느 회사는 '노견은 단백질의 소화 흡수 능력이 떨어진 상태다.'라며 시니어용 사료에 단백질을 많이 넣지만, 다른 회사는 '노견에게는 신장병이 있을지도 모르니 신장에 부담이 가는 단백질은 적게 넣는다.'라고 한다. 미묘한 성분 차이가 엉뚱한 결과를 낳아서 사료를 바꾼 지 얼마 안 되어 원래 사료로 되돌리는 일도 자주 일어난다.

🐾 나이를 먹었다고 사료를 억지로 바꿀 필요는 없다

여기부터는 저자의 개인적인 견해다. 외견상으로나 검사 데이터, 건강한 정도, 변의 상태에 딱히 문제가 없는 개는 **청년~장년기에 익숙한 사료를 그대로 줘도 된다**고 생각한다.

더 나이를 먹고 노화의 징조가 보이기 시작했을 때는 그것을 보완할 수 있는 성분이 추가된 자매품을 조금씩 섞는 방식으로 급여한 후 상태를 지켜보거나 영양제를 추가로 급여한다. 기본적인 사료 자체를 바꾸는 것은 '명백하게 그렇게 하는 것이 좋다.'고 생각되는 이유가 없는 한 하지 않는 것이 좋다.

간이나 신장에 문제가 없다면 단백질은 오히려 많이 섭취하는 편이 좋다는 것이 최근 인간의 노령기 건강 관리법에서 추천하는 대목이다. **체중이 달라지지 않았더라도 등뼈나 골반, 대퇴골(넓적다리뼈)이 툭 불거졌다면 근육이 빠지고 있다는 증거**(140페이지의 칼럼5 참조)다. 대신 하복부, 배 속, 늑골(갈비뼈) 주변에는 지방이 늘어나므로 체중이 달라지지 않는 것이다.

양질의 단백질을 조금 늘리고 싶을 때는 평소 먹는 메뉴에 삶은 닭 가슴살이나 삶은 달걀의 흰자만을 잘게 잘라 더하는 것이 좋다. 이것들은 지방이 포함되어 있지 않기에 군살을 늘리지 않는다. 비타민이나 미네랄 등은 최근의 사료라면 충분한 양이 들어 있지만, 항노화 물질인 오메가 3, 오메가 6 지방산을 추가하는 것도 추천한다.

비단 관절뿐 아니라 '뭔가를 약간 더하면 좋은' 경우에는 **사료를 바꾸지 말고, 그 뭔가를 사료와는 별도로 주거나 사료에 섞어주는 방법**을 권장한다.

개가 잘 먹지 못한다면?

- 잘 먹을 수 있도록 반려인이 연구해야 한다

턱의 힘이 약해졌거나 치주병에 걸려 잘 먹지 못한다면 작은 알갱이 사료를 사용하거나 따뜻한 물에 가볍게 불려서 급여한다. 건식 사료는 처음에는 물에 불려서 주는 저장식이었다. 다만, 역시 그런 절차가 번거로웠기에 시대가 지나면서 있는 그대로 주는 방식이 정착되었다.

최근의 제품에는 개가 잘 먹게끔 표면에 맛이나 향이 나는 파우더를 묻혀놓았는데, 물에 불리면 이들이 녹아서 맛이 밍밍해진다. 불린 건식 사료는 위장에 부담을 주지 않지만 '개가 먹어주지 않는' 경우가 종종 있다.

하지만 우리 집 개가 그런 건 신경 쓰지 않고 잘 먹는다면 **불려서 주는 쪽이 위장에 부담을 덜 준다.** 동시에 수분도 섭취할 수 있어 좋지만, 치아에 찌꺼기가 잘 끼게 되므로 양치에 더 신경 써야 한다.

소형견이라 알갱이의 크기가 신경 쓰인다면 니퍼 등으로 한 알 한 알 쪼갠 후에 사료 그릇에 부어주기도 한다(대형견은 양이 많아서 너무 번거롭기도 하고, 알갱이의 크기가 크게 문제가 되지 않기에 굳이 그렇게 하지 않는다.). 다만, 사료 회사도 소형견의 비율이 커지고 있다는 점을 고려해서인지 기본 알갱이 크기를 작게 만드는 경향이 있다. 따라서 최근에는 크기를 줄이기 위해 그렇게까지 신경 써야 하는 경우는 줄고 있다.

너무 달려들어 사료를 먹으며 숨이 막혀 할 때는 조금씩 사료 그릇에 부어 급여하거나, **요철이 있어서 한꺼번에 많이 흡입하기 어려운 사료 그릇**이 시판되고 있으므로, 그런 것을 활용하여 천천히 제대로 삼킬 수 있도록 배려하자.

또한, 받침대 위에 사료 그릇을 놓아주면 먹기 편하므로, 머리를 깊이 숙이지 않아도 되도록 높이를 조절해주도록 하자. 너무 높아도 숨이 막힐 수 있으니 주의해야 한다.

🦴 건식 사료를 불린다

개가 잘 먹어준다면, 불려서 주는 편이 위장에 좋다.

🦴 요철이 있는 식기의 예시

사료를 한꺼번에 많이 흡입하지 못하도록 그릇 자체에 요철이 있다.

수제 사료를 줄 때 빠지기 쉬운 '함정'

– 반려인의 자기만족이 목적이라면 손수 만들지 말고 시판 사료를 먹이자

사람은 잡식성이므로 소나 말 정도까지는 아니지만 음식을 제대로 씹어 삼킨다. 씹는 행위를 통해 쾌감과 가치를 찾아내는 본능이 있기에 예전 레토르트 카레의 광고에서는 '덩어리가 크다.'라는 광고 문구를 전면에 내세우던 시절도 있었다. 사람은 문제가 없지만, 이런 감각을 자기도 모르게 반려견의 사료에 적용하면 문제가 발생할 수도 있다.

개나 고양이 같은 육식성 동물은 포획물을 찢어서 목을 통과할 정도의 크기로 만든 다음 씹지 않고 삼킨다. 고기를 녹이기 위한 위산의 소화 능력이 사람보다 강하기에 위산만으로 소화한다.

그런데 수제 사료에 커다란 채소가 들어가면 **채 소화시키지 못한 음식물이 위에 남게 된다.** 육식 동물의 위장은 식물성 음식을 소화하게끔 만들어져 있지 않으므로 야생의 세계에서는 포획한 포획물의 장 내용물을 통해 필요한 영양소를 보충한다.

시판 사료에는 식물성 영양소를 포함한 식재료를 분쇄하여 배합했기에 굳이 반려인이 그것에 채소류를 더해야 할 영양학적 필요성이 없다.

반려인이 직접 간식을 만들거나 더 의욕을 내서 주식까지 스스로 만들 때는 반려견의 위장 특성을 고려하여 식물성 재료는 만두소처럼 아주 잘게 다져서 줘야 한다.

저렴한 습식 사료에는 일부러 채소를 주사위 크기로 잘라서 넣어둔 제품이 있다. 이것은 커다란 재료가 들어 있어서 사는 사람의 눈에 매력적으로 보이는 것을 노린 것인데, 오히려 개의 위장에는 좋지 않다. 그에 비해 고품질의 습식 사료는 하나같이 내용물을 잘게 갈아 넣어서

🦴 수제 사료는 사람의 감각에 맞춰 만들지 않는다

소재(특히 채소)의 원형이 남아 있는 것은 보기에는 예쁘지만 소화에는 좋지 않다. 간식이나 사료를 만들 때 사람의 미적 감각으로 판단해서는 안 된다.

🦴 채소는 가정용 믹서 등으로 잘게 간다

믹서로 채소의 원형이 남지 않도록 잘게 간다. 사진은 파나소닉의 파이버 믹서 MX-X301. 소비자 가격은 9,000엔 전후.　　　　　　　　　　　　　　　　사진 : 파나소닉

원재료의 형태가 남아 있지 않다.

한편, 잘게 잘라서 급여하면 위장에 남는 것은 막을 수 있지만, 영양소 대부분은 파편 속에 섞인 채 그대로 변으로 배출되고 만다. 영양소를 흡수하도록 만들려면 삶은 후에 잘게 짓이기는 등의 노력이 필요하다. 심지어 프리즈 드라이(Freeze-Dry: 진공 동결 건조)로, **세포벽까지 갈아 넣은 반려동물용 영양제**가 존재할 정도다.

또한 가격은 비싸지만 **소의 위 내용물을 통째로 분쇄하여 건식 사료로 만들거나 캔에 넣어 습식 사료로 만든 제품**이 있다. 이들도 '자연계에서 섭취해야 할 영양소를 인위적으로 보완하자.'는 목적에서 만들어진 것으로, 이들을 주식 사료에 더하여 급여하는 것은 합리적인 선택지라 할 수 있다.

이처럼 원재료가 위장을 통과하고 영양소가 실제로 흡수되는 데 문제가 없도록 해야 한다.

🐾 수제 사료는 제대로 공부한 후에 급여한다

반려동물 잡지에는 '수제 사료' 레시피가 자주 등장하는데, 이들은 대부분 반려인의 자기만족을 위한 것이다. 개의 건강 상태에 따라서는 독도 약도 되지 않을 수 있다. **상성이 나쁜 소재가 섞여 있다면 명백하게 독**이라 할 수 있다.

음식을 씹어서 섭취하는 사람의 미적 감각으로 만들었기에, 색이 화려한 소재가 원형 그대로 담겨 있으며, 영양 균형도 그저 형식적인 수준에 지나지 않는다.

개에게 필요한 영양 균형은 사람과 다르기에 반려인 스스로 적절한 재료를 골라서 분량을 조절하기 위해서는 그에 상응한 공부가 필요하다. 이렇게 할 수 없다면 결국 제대로 만들어진 시판 사료보다 질이 낮

🦴 자연계 성분에 가까운 보조 식품

비프 그린 트라이프. 그래스 페드 비프(Grass Fed Beef: 목초만으로 키우는 자연 방목 소)의 위장을 그대로 프리즈 드라이해서 만든다. 75g에 약 2,000엔.

사진 : K9내추럴재팬

은 수제 사료에 그치게 된다.

　'내 소중한 강아지를 위해 뭔가를 해주었다.'라는 성취감은 맛볼 수 있을지 모르지만, 일부러 개의 위장을 망가뜨릴 수도 있는 '모험'을 할 필요는 없으리라. 또한 묘하게 맛있는 맛을 알게 됨으로써 원래 먹던 사료를 먹지 않게 될 우려도 있다. 수의사의 관점에서 말하자면, 이런 행위는 불필요하다.

　그 밖에도 인터넷 통신 판매를 중심으로 지속해서 먹이기를 전제로 한 색다른 사료가 다양하게 판매되고 있다. 그러나 그런 곳에 적힌, 건강에 관한 유익성에 대한 설명에는 의문이 드는 것도 있다. '전부 다 안 좋은 제품'이라고 싸잡아 말할 수는 없겠지만 반드시 담당 수의사에게 확인을 받은 후에 급여하기 바란다.

제4장 4 '램&라이스'라도 주의 깊게 선택한다
- 알레르기를 피할 수 없는 제품도 있다

'램&라이스(Lamb&Rice)'는 알레르기에 신경 썼다는 시판 사료에서 많이 보이는 원재료다. 특정 단백질에 알레르기를 일으키는 개라면, 알레르기를 피하기 위해 평소에 먹어본 적 없는 사료를 급여해야 한다. **램(양고기)은 개가 평소 먹어본 경험이 없으면서 저렴한 대표적인 식재료다.**

하지만 완벽하게 알레르기를 피하고자 한다면 양고기 이외의 고기가 포함되면 안 된다. 그런데 실제 시판 사료는 대부분 양고기 외에도 닭고기나 소고기 등이 들어간다. 이상적인 이야기를 하자면 더욱 보기 드문 고기가 알레르기를 일으킬 확률이 낮으므로 심해어로 만든 처방식도 있었다. 하지만 안정적인 어획이 어려웠는지 제조가 중지되었다. 지금은 안정적으로 공급할 수 있는 재료만을 사용한다.

펫숍에서 판매되는 시판 사료를 보면 원래 병원 처방식인 램&라이스의 이름이 알려지면서 '램&라이스 = 고품질 사료'라는 이미지가 생긴 탓에 당초의 취지를 벗어난 듯 보인다. 일반 상품명으로 정착하여 쉽게 접할 수 있게 된 것이다.

양고기가 들어간 시판 사료에는 알레르기를 억제하는 효과가 없으므로 성분표를 잘 살펴보고 선택해야 한다. 통상적으로는 대체로 고급스러운 제품이라 알레르기 억제라는 목적은 달성하지 못하더라도 '단순한 양질의 사료'로서 사용하는 데는 문제가 없다.

한편, 슈퍼마켓이나 편의점에서 판매되는 식품 등의 포장지에 '같은 시설에서 제조되는 식품으로 ○○이 있으니 주의 바랍니다.'라는 내용이 기재된 것을 본 적 있을 것이다. 반려동물용 사료에도 같은 시리즈에 다양한 변형이 가해진 상품이 있는데, 이것도 날짜를 달리하여 같은 기계로 제조하는 경우가 많다.

처방식도 마찬가지로, 처방식의 램&라이스라 하더라도 엄밀하게 말하면 극미량이나마 다른 고기가 섞여 있다. 이것을 완벽히 피하기는 어렵지만, 좀 더 깐깐하게 만든 제품도 있다. 보통의 알레르기 처방식으로는 좀처럼 성과를 볼 수 없을 때는 이런 제품을 시도해보는 것도 좋으리라.

🦴 음식 알레르기가 있는 개용 처방식

음식 알레르기가 있는 개용 처방식 주원료로서 가쓰오부시(가다랑어포), 감자 전분을 사용하며, 소고기, 우유, 밀가루, 달걀, 닭고기, 양고기를 사용하지 않는다. 또한 제조 공정에서 미량 섞이는 것까지 막았다. 알레르기를 확실하게 회피하고 싶다면 이런 처방식을 급여한다. 사진은 닛신 펫푸드의 '알레르겐 셀렉트 컷'.

사진 : 닛신 펫푸드

'그레인 프리'는 어떨까?

- 탄수화물(!)이 들어 있는 것도 있다

그레인(Grain)은 **곡류, 곡물**을 말한다. 육식 동물인 개는 본래 곡류를 먹지 않으므로 '곡류가 들어 있지 않은 사료, 즉 **그레인 프리**가 최고다.'라고 생각하는 사람이 있다. 개는 약간 잡식이긴 하지만, 고양이나 페럿(족제비과의 포유류)은 좀 더 순수한 육식이므로 고양이 사료나 페럿 사료에서는 이런 사고방식이 더 널리 퍼진 상황이다.

시판되는 사료 중 많은 수에서는 곡류가 배합 성분표의 상위를 차지한다. 원료의 가격 문제 때문이리라. 곡류가 중심이 된 사료는 확실히 동물영양학 관점에서 볼 때 그다지 바람직하지는 않지만, 육식 동물이라도 포획물을 잡아먹을 때에는 소화관 안에 포함된 곡류도 함께 먹게 되므로 '곡류가 완전히 포함되지 않은(프리) 쪽이 좋다.'고만은 할 수 없다.

또한, 얼마 전까지 동물 영양 지표에는 '탄수화물이 전혀 필요하지 않다.'고 되어 있었지만, 최근에는 개도 전분 소화 능력이 있다는 사실이 알려지게 되었다.

그레인 프리는 원래 램&라이스와 마찬가지로 곡류 알레르기를 피하기 위해 만들어진 사료다. 그런데 이것도 고급이라는 이미지가 널리 퍼져서인지 '그레인 프리인 것이 고급이라는 증거'인 듯 팔리고 있다. 정말로 그레인 프리가 그렇게 대단한 것일까?

🐾 추천하기 어려운 제품도 있다

결론부터 말하자면 **보통의 건강한 몸이라면 그레인 프리에 집착할 필**

🦴 개에게도 전분의 소화 흡수 능력이 있다

우리 집 개는 쌀밥을 너무 좋아해서 나도 모르게 자주 줬더니, 점점 살이 쪘다. 즉, 개에게도 전분을 소화 흡수하는 능력이 있다는 것은 확실하다.

요가 없다. 물론 곡류 알레르기가 의심될 때나 뭔가의 이유로 탄수화물을 피해야 할 필요가 있을 때는 그런 사료를 사용해야 하지만, 그렇지 않은 경우라면 **'곡류를 대량으로 사용하지 않은, 고기가 주원료인 사료'**를 선택하는 것으로 충분하다.

그레인 프리를 고집하다 보면 뭐가 됐든 가격이 비싸다. 그중에는 곡류만 들어 있지 않을 뿐 기본적인 영양소 배합조차 엉망인 제품도 있다. 그레인 프리를 강조하는 제품이라도 콩, 고구마, 호박 등이 배합된 경우가 많다. 특히 건식 사료의 경우, 일반적인 사료와 마찬가지로 탄수화물이 포함되어 있다고 생각하는 편이 좋을 것이다. 아그작아그작 씹는 느낌을 주려면 전분이 어느 정도 필요하기 때문이다. 이 경우, 이른바 곡류가 들어 있지 않을 뿐, 감자나 타피오카 등의 탄수화물은 분명 들어 있다. 앞에서는 '그레인 프리'라는 말의 좋은 이미지를 사용하고 뒤에서는 몰래 '꼼수'를 쓰는 것이다.

어떤 상품이 적합한지 잘 모를 때는 상품명과 성분표를 사진으로 찍거나 인쇄해서 담당 수의사에게 보여주며 문의하자. '툭 까놓고 이게 최고'라며 콕 짚어주지는 않는다 해도 **비교적 좋은 사료를 선택하는 데 도움이 될 터이다.**

펫숍에서 판매되는 다양한 사료나 용품은 반드시 반려동물의 건강과 행복을 최우선시하는 것은 아니다. '잘 팔리면 그만'이라는 생각으로 만들어진 상품도 있다. 가끔 펫숍을 '정찰'하다 보면, 수의사의 관점으로 볼 때 '이런 건 팔면 안 되는데……'라는 생각이 드는 제품이 많다. 장사하는 사람 중에는 반려인의 왜곡된 선입견과 이미지를 이용하여 수단과 방법을 가리지 않고 돈을 벌려는 사람도 있다. 그러니 반려인이 올바른 지식으로 무장하여 그 제품이 '제대로 만들어졌는지' 확인한 후에 구매하는 수밖에 없다.

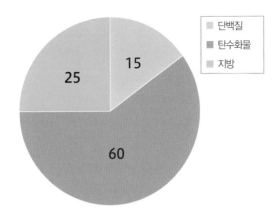

사람에 관한 영양학의 교과서에는 탄수화물이 60%를 차지한다. 다만 당질 제한을 시작하는 사람이 늘어나는 점을 보더라도, 이러한 비율이 올바른지에 대한 의문을 느끼는 사람이 많은 것 같다.

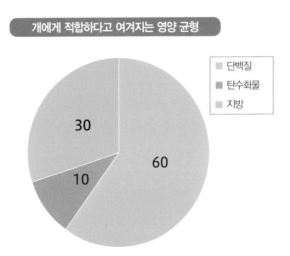

개뿐 아니라 이른바 육식 동물은 다량의 단백질 섭취가 요구된다. 그레인 프리에 집착하기보다는 단백질이 제대로 들었는지가 중요하다.

노견에게 최적의 음수량
- 평상시 수분 섭취량을 기록해둔다

생물에게 필요한 수분의 양은 엄밀하게 정해져 있지는 않다(필요한 칼로리의 양도 마찬가지다.). 논문 등에는 예전부터 경험칙으로 기술되어 있는 것이 있지만, 당연히 그 학자의 주관이나 다른 학자와의 견해차에 따른 차이가 있으므로 미묘하게 맞지 않을 때도 있다.

참고로 수의사는 오른쪽 페이지 같은 표를 참고로 입원 동물의 수액 처치량을 정한다. 이 표는 **저자가 수분 보급량을 정할 때 참고하는 것**으로, 칼로리량과 수분량은 같은 숫자로 되어 있다.

다른 문헌에서는 다음과 같은 계산식도 있다. 연구자에 따라 계산 방식이 다르기 때문이다.

> 개   : $132 \times$ 체중(kg) $\times 0.75$
> 고양이: $80 \times$ 체중(kg) $\times 0.75$

다만, 이 숫자는 어디까지나 기준일 뿐 실제로는 개체에 따라 상당한 차이가 있다. 운동과 호흡이 왕성하거나, 설사나 구토를 한다면 요구량도 올라간다. 담당 수의사는 그것들을 참고하여 표의 수치를 증감시킨 후 최종적인 수분량을 지시하게 된다. 뭔가의 질환이 있다면 그것도 영향을 끼치므로, 독단적으로 결정하지 말고 담당 수의사와 반드시 상의하자.

참고로, 사료 그 자체에도 수분은 포함되어 있다. 대략적으로 말하자면 건식 사료는 중량의 10%가, 습식 사료는 75%가 물이다.

🦴 개가 하루에 필요로 하는 수분량과 칼로리량(체중별)

체중(kg)	mL/일, kcal/일	체중(kg)	mL/일, kcal/일
1	132	19	1037
2	214	20	1075
3	285	21	1112
4	348	22	1149
5	407	23	1185
6	463	24	1221
7	515	25	1256
8	566	26	1291
9	615	27	1326
10	662	28	1360
11	707	29	1394
12	752	30	1427
13	795	35	1590
14	837	40	1746
15	879	45	1896
16	919	50	2041
17	959	55	2182
18	998	60	2319

출전 : 스티븐 P. 디바톨라(Stephen P. DiBartola), 『소동물 임상에서의 수액 요법』

물을 주기 전후로 물의 무게를 잰다.

반려견이 물을 많이 마신다면 동물병원에 가기 전에 현재 어느 정도의 물을 마시는지 양을 재자. 주방용 저울로 '주기 전의 물의 무게'와 '마신 후의 물의 무게'를 재고 그 차이를 수의사에게 전달하자.

평소에 반려인이 해야 할 일은 '건강한 평상시에 어느 정도의 물을 마시는지'를 파악하는 것이다. 계절에 따라서 변동이 있지만, 아침에 물을 새로 줄 때와 그 후 교환할 때에 용기째 무게를 잼으로써 자발적으로 마시는 물의 양을 대략 알 수 있다(자연 증발하는 양이라는 오차가 생기기는 하지만).

평소의 음수량을 파악해둠으로써 얼핏 봐서는 알 수 없는 변동을 조기에 발견하고 병이 진행되기 전에 손을 쓸 수 있다. 물론 매일 할 필요는 없다. 몇 주에 한 번 정도로 충분하다.

다만 여름과 겨울에 양이 큰 폭으로 달라지므로 양쪽 데이터를 파악해두어야 한다. 또한 지나치게 큰 차이가 생겼다면 며칠간 연속해서 파악하여 원인을 특정한다. 건강할 때의 음수량을 알면 수의사도 그것을 토대로 더욱 효과적으로 구체적인 음수량을 제시할 수 있다.

🐾 개의 혀는 감칠맛 성분을 느낀다

'물을 조금 더 마셔주면 좋겠는데 마시지를 않는다.'는 경우에는 닭고기 뼈나 가다랑어포, 멸치, 고기를 삶은 육수를 사용하면 해결될 때가 많다.

떠오른 거품과 지방은 국자로 건져내고, 물론 소금이나 간장을 넣어서는 안 된다(넣는 반려인도 있기에). 다 만들면 사람의 체온 정도로 식힌 후 급여한다. 약간의 단백질과 아미노산이 녹아들어 있지만, 미량이므로 어떤 질환이 있더라도 영향을 미치는 일은 거의 없다.

개의 혀는 **감칠맛** 성분을 느낄 수 있으므로 이노신산이나 글루탐산에 의해 위액 분비가 촉진되는 효과가 있다. 다시마나 표고버섯 같은 식물성 재료를 더하여 사람이 평소에 요리할 때 사용할 법한 육수를 시도해보는 것도 좋다.

그래도 물을 마시지 않을 때는 주사기로 물을 빨아들여 입안에 넣는다. 다만 고개를 너무 높게 들어 올린 채 물을 넣으면 기관(氣管)으로 흘러 들어가 사레들 수 있으므로, 얼굴은 수평보다 아주 조금만 위로 들게 하고 입가의 볼살을 살짝 젖힌 다음 입에 흘려 넣는다.

심하게 싫어하지 않는 이상, 그 자세 그대로 꿀꺽꿀꺽 혀를 핥으며 물을 삼킨다. 밖으로 흘러넘치는 것도 어느 정도 있을 테지만, 사레들면 오연성(誤嚥性) 폐렴을 일으킬 수도 있으므로 개의 상태를 주의 깊게 살피면서 처음에는 아주 조금씩 무리하지 말고 시작하자.

🦴 물을 잘 마시지 않는 개에게는?

고기를 삶은 후의 육수

가다랑어포를 우려낸 육수

수분 보급이 필요한데도 물을 잘 마시지 않는 개가 물을 많이 마시기를 바란다면 육수를 추천한다. 육수를 만들어두고 냉장고에 보관한 후에 급여할 때는 사람의 체온 정도로 데운 후 급여한다.

안전 여부가 불명확할 때는 어떻게 해야 할까?
- 일단 간격을 벌려둔다

생물은 지구 환경 안에서 진화해왔다. 지구 환경 안에는 생물의 성장에 좋은 영향을 끼치는 환경 인자와 나쁜 영향을 주는 환경 인자가 혼재되어 있다. 과학이 발달하지 않았던 과거에는 '무엇이 몸에 좋고 나쁜지' 경험을 통해 알 수 밖에 없었다. 그렇게 축적된 법칙은 다음 세 종류로 나눌 수 있다.

① 확실하게 좋은 것

② 해를 끼치는지 애매한 것

③ 확실하게 몸에 해를 끼치는 것

여기서 ①과 ③에 대해서는 군이 설명할 필요가 없으리라.

문제는 작금의 급속한 과학 문명의 진보로 인해 **'정말로 안전한지 증명할 수 없는 것'**이 엄청나게 늘고 있다는 점이다. 예를 들어 식품 첨가물(보존료, 감미료, 착색료, 향료 등), 대기나 일상용품에 포함되는 인공 화학 물질, 저주파 진동, 전자파, 방사선 등이다.

이것들은 사실 원래부터 지구에 미량 존재하던 물질이다. 하지만 과학 문명의 진보로 인하여 최근 100년간, 우리가 접촉할 기회는 물론, 그 종류와 양도 폭발적으로 늘었다. 일단 안전 시험은 거치지만 '장기간에 걸쳐서 완전히 문제가 없는지'에 대해서는 몇십 년~몇백 년간 실제로 사용해보지 않으면 알 수 없다.

또한, 안전 시험을 하는 기관 중에는 스폰서의 영향을 받아서 실험

데이터를 호의적으로(안전에 가깝게) 해석하는 것으로밖에 보이지 않는 때도 있다.

물론, 어떤 것이든 의심스러운 것을 피하려면 원시적인 목축을 통한 자급자족 같은 생활을 할 수밖에 없으므로 그것은 현실적인 선택지가 될 수 없다. '어디까지 피할 수 있는지'는 그 사람의 사고방식에 따라 달라지지만, 저자는 '**생활에 지장을 주지 않는 범위에서 피한다. 전부터 있던 것으로 조달할 수 있다면 가급적 그쪽을 선택한다.**'는 방침을 권한다.

사료에 들어가는 식품 첨가물은 회사에 따라서는 합성물은 배제하고 적극적으로 천연물을 사용해온 곳도 있다. 아무래도 완전히 사용하지 않기란 어렵겠지만, 역사가 짧은 것은 피하고 전부터 사용해온 성분을 고르도록 하자.

화학 물질이나 방사선, 전자파가 종양 발생에 영향을 준다는 논문도 있지만 이것이 사실인지는 알 수 없다. 그러나 소수라도 보고가 되어 있는 한, 발생하기 쉬운 장소를 피하는 것이 손해는 아닐 것이다.

저자는 일상적으로 사료나 사육 환경에 관한 상담을 자주 받는다. 하지만, 무슨 말을 듣든 무심한 반려인이 있는가 하면 반대로 너무 신경질적이라 아무것도 할 수 없는 반려인이 있다. 반려인이 '혹시라도 우리 개의 건강에 나쁠지도 모른다.'라고 생각하는 물질을 기를 쓰고 피하다가 중요한 영양소까지 결핍되어 영양 결핍 상태가 된 개도 병원을 찾아온다.

이런 상담은 담당 수의사에게 기탄없이 해야 한다. 하지만 막상 이야기를 시작하면 길어질 때가 많다. 따라서 수의사가 한가해 보일 때를 노려서 '**어느 정도가 현실적인 지점인지**' 의논하자. 가령 저자의 병원은 비가 오는 평일이 꽤 한가하다.

동물병원에서 살까? 매장에서 살까?

앞에서 말한 바와 같이 처방식은 수의사의 감독하에서 사용하는 것이기에 원래는 동물병원에서만 살 수 있다. 그러나 다양한 유통 경로를 통하여 펫숍이나 드러그 스토어(Drug Store), 슈퍼마켓, 인터넷 등을 통해서도 살 수 있는 것이 현실이다.

저자의 병원에서도 진단을 통해 처방식을 지정한 이후, 개의 경과 확인이나 처방식 추가 구매를 위해서 병원을 찾지 않는 반려인이 많다. 그리고 몇 년 지나지 않아 그중 몇 건 정도는 내가 예상할 수 없었을 정도로 악화하여 처음보다 더욱 심각한 상태에서 방문하는 때도 많다. 이유를 들어보면 '이 병원에서 사는 것보다 저렴했다.' 등의 답변이 돌아오곤 한다.

당연히 대량으로 발주하는 대형 판매업자가 필요할 때마다 조금씩 주문하는 동물병원보다 매입 단가가 쌀 것이다. 심지어 대형 판매업자의 판매 가격이 동물병원에 납품되는 가격보다 쌀 때도 있다. 반려인 입장에서는 싸게 살 수 있는 곳을 찾는 것도 어찌 보면 당연한 일이다.

하지만 수의사의 확인 체제에서 벗어난다는 것은 곧 치료를 중단하게 된다는 말과 같다. 점차 다시 병이 악화하여 불필요한 아픔을 겪게 되는 것은 반려동물이다. 부디 담당 수의사와의 관계를 끊지 않도록 하기 바란다. 참고로 일반 상점에서 살 수 있는 처방식은 수의사가 반려인에게 권하지 않게 되므로(돈을 벌 수 없기에), 최근에는 처방식의 제조 회사가 수의사를 통하지 않으면 살 수 없도록 유통 방식을 바꾸기 시작했다. 처방식을 다른 곳에서 사는 것에 대하여 어떻게 반응을 보이는지는 그 수의사의 성격에 따라 다를 것이다. 저자는 안타깝지만 제대로 병원에 다니는 경우라면 참는 편이다.

제 5 장

노화에 맞춤한 생활 패턴

어렸을 때와 다름없는 생활 환경이 나이를 먹은 개에게 부담을 줄 때가 있다. 하지만, 무턱대고 응석을 받아주는 것도 좋지 않다. 제5장에서는 큰 부담을 피하면서도 근력과 체력을 가능한 한 떨어뜨리지 않는 노하우를 소개하겠다.

노견에게 가장 적합한 산책 방법은?

-몸에 부담이 가는 동작과 환경을 피한다

개도 나이를 먹으면 산책하고 싶은 마음은 있더라도 점점 몸이 따라오지 않게 된다. 움직이기 힘들어질수록 산책에 대한 요구가 사그라지기 쉽다.

하지만 몸을 움직여야 관절이 굳어서 움직일 수 없게 되는 시간을 늦출 수 있다. 어렸을 때처럼 '달릴' 필요는 없다. 가능하면 **종종걸음으로 걷는 정도의 산책**을 하도록 하자.

나이를 먹으면 심폐 기능도 떨어진다. 평소의 검진에서 심장 잡음이나 심장 비대가 확인되지 않았다 하더라도 쉽게 지친다면 심장에 대한 부담을 줄이기 위한 '아이들링(Idling) 운전'을 고려해야 한다. 심박수가 올라가지 않도록, 태극권처럼 느긋하게 움직이도록 하자.

🐾 한여름, 한겨울에는 더욱 주의하자

또한, 여름과 겨울의 극단적인 온도에 견디기 어려워진 상태이므로, 여름에는 아침 일찍이나 밤의 시원한 시간대에 충분히 수분을 섭취한 후에 산책을 나가도록 하자. 장시간 걷는 경우에는 도중에 **급수 시간을** 마련해야 한다.

여름에 반다나를 이용해 식품용 보냉제를 목에 걸친 개를 종종 본다. 하지만 제대로 밀착시키지 않으면 효과가 없고 그렇다고 너무 강하게 묶으면 그 부위만이 온도가 너무 내려가서 개가 고통을 느낄 수가 있다. 또한 털이 복슬복슬한 개라면 거의 의미가 없다. 목 아래쪽에 털이 별로 없는 개라면 너무 차갑지 않게 천으로 감싸서 매달아주자. 그

🦴 노견을 산책시킬 때는 무리하지 않는다

개가 스스로 엄청나게 원하지 않는 이상, 산책은 일찍 마치도록 하자. 산책하는 거리는 개에 따라 각기 다르지만, 저자는 건강할 때의 절반 정도, 혹은 지치기 시작하는 거리 의 70% 정도에서 마무리하기를 권한다.

러나 이는 어디까지 보조적인 방법이므로 '효과가 있으면 좋겠네…….' 정도의 감각으로 이용해야 한다. **여름에는 온몸의 털을 완전히 밀어주는 것도 추천한다.**

겨울에는 갑자기 추운 곳으로 나가면 안 된다. 현관에서 조금 냉기에 익숙해지도록 한 후에 걷기 시작하는 것이 좋다. **털이 성긴 개는 몸통만 가리는 옷 등의 방한구도 효과적이다.** 다리 끝까지 감싼다 해도 큰 보온 효과를 기대하기는 힘들고, 너무 두툼한 옷을 입혀서 걷기 어려워지면 개가 산책을 싫어할 수 있다. 또한, 움직이기 어려워지면 예기치 않게 관절에 부하가 걸릴 위험이 있다. 어느 정도는 털이 공기층을 확보하므로, 얇은 바람막이 정도로도 충분하다. 가능하면 **털이 성기고 열이 빠져 나가기 쉬운 하복부까지 덮을 수 있는 것이 보온에 좋다.**

한편, 개가 얼마나 노화했는지는 담당 수의사가 진찰하면 어느 정도는 예상할 수 있다. 하지만 그것은 진찰대 위에서 움직이지 않았을 때의 이야기다. 따라서 **산책할 때 반려인이 유심히 관찰하는 것이 중요하다.**

특히 혀의 색이 하얘지거나 파래진다면 위험하므로 개의 상태 변화를 주의 깊게 살펴보자. '고개를 숙인다.', '호흡이 거칠고 혀를 길게 늘어뜨린다.', '몸에 반동을 주면서 앞으로 나아간다.', '꼬리가 내려간다.'와 같은 반응도 개가 지치기 시작했다는 신호다. 이런 특징은 어린 강아지 때부터 산책을 시작할 때와 끝냈을 때 상태의 차이를 잘 살펴보았다면 쉽게 알 수 있다.

다만 이렇게 조언을 해도 헥헥거릴 때까지 산책시키는 반려인이 꽤 많다. 부디 담당 수의사의 이야기를 확실히 듣고 따르기 바란다.

🦴 더위는 '털을 깎는 것'으로, 추위는 '옷'으로 조절한다

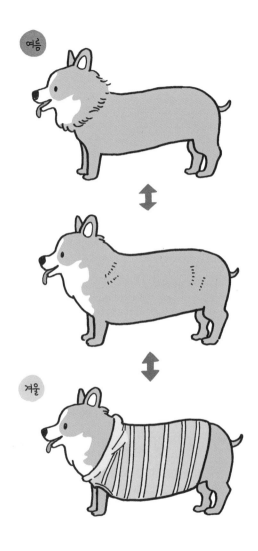

여름에는 열사병에 대비해 털이 복슬복슬한 개는 털을 아예 싹 밀어주는 것이 효과적이다. 또한, 겨울에는 방한 대책으로 털이 성긴 개를 위해 몸통에만 옷을 입히는 것도 좋다.

뇌에 대한 자극을 늘린다
- 시행착오하면서 뇌가 활성화한다

사람도 그럭저럭 건강했던 노인이 넘어져서 골절상을 입고 자리보전하게 되면 **인지 기능 장애가** 급속도로 진행될 때가 있다. 오감을 통해 많은 정보가 들어와야 뇌가 활발해지는데, 자리보전한 채 누워 지내다 보면 들어오는 정보가 크게 줄어들게 된다. 이것은 동물도 마찬가지다. 몸의 노쇠가 먼저 와서 누운 채로 지내게 되면, 얼마 지나지 않아 갑자기 밤에 자주 울거나 정서가 불안해지기도 한다.

자력 보행이 어려워졌다고 하더라도 애견 유모차에 태워서 평소의 코스를 돌다가 이따금 유모차에서 내려 주변의 냄새를 맡게 하는 것만으로도 뇌는 활성화한다. 어찌 됐든 **뇌에 자극적인 신호를 보내는 것이 중요**하다. 다른 풍경, 다른 냄새를 공급하기 위해 산책 코스를 날마다 바꿔보자. 다만 시력이 떨어진 개는 잘 모르는 길에서는 잘 못 걷거나 걷기를 주저하게 될 수 있으므로 무리하지 말고 안전을 최우선으로 고려하자.

같이 사는 사이가 좋은 반려동물과 노는 것도 효과적이다. 반려인이 이것저것 생각하지 않더라도 그들은 알아서 서로 자극을 주고받는다. 사람은 할 수 없는 **개들끼리만 가능한 대화, 감정의 교류는 큰 효과가 있다.**

다만 노견이 된 후에 새로 강아지를 들이면 사이가 좋지 않거나 일방적으로 괴롭히는 등 적응하지 못하고 스트레스가 될 위험도 있다. 여러 마리를 키우려면 수명의 절반 정도 차이를 두는 방법 등으로 심신이 건강할 때 공동생활에 익숙해지게 하자. 다만 개를 키울 때 드는 비용이나 노력은 '두 마리가 된다고 해서 두 배'로 그치지 않는다. 적게 잡아도 세 배는 된다. 그러니 마음을 단단히 먹어야만 한다.

한편 개가 스스로 생각하고 고민하는 자주적인 사고를 촉진하기 위해 간식을 끼워 넣는 장난감 등을 주고 안쪽을 파게 하는 것도 좋다. 손 안에 간식을 숨기고 찾게 하거나, 몸에 부담이 가지 않는 범위에서 공을 굴린 다음 주워 오게 하는 등 '목표물이 저기에 있다는 것을 이해하고', '그것을 어떻게 하고 싶기 때문에', '어떤 행동을 해야 할지 생각한다.'는 **능동적인 일련의 사고 프로세스가 뇌를 단련시킨다.**

마사지나 그루밍도 그저 쓰다듬는 것만이 아니라 반려인이 쓰다듬는 부위에 맞춰서 개가 몸의 방향을 스스로 바꾸도록 평소에 유도하면 좋다. 대개는 불완전하게 끝나고 말지만, '자, 다음은 반대쪽이야.', '이제 다리를 쭉 뻗어봐.' 하며 반복하는 사이에 개도 자세를 맞춰주게 될 것이다.

🦴 개가 머리를 쓰게 한다

밥을 주기 전에 '손'을 내밀게 하는 등, 뭔가를 할 때는 완전히 수동적으로 하는 것이 아니라 '반려인의 행동을 보고 나도 맞춰서 행동해야지.' 하는 생각을 할 수 있게 만드는 것이 중요하다.

관절에 주는 부담을 줄인다
– 건강할 때부터 계획적으로 준비한다

개의 관절은 눈에 보이지 않지만 서서히 퇴화한다. 관절의 퇴화는 약간의 부하가 실릴 때 표면화한다. 예를 들어 계단을 오르내리거나 높이차가 있는 현관을 뛰어오를 때, 실내와 베란다 사이의 작은 문턱을 뛰어넘을 때 넘어지거나 착지의 충격으로 관절뼈의 접합 면에 통증이 생기기도 한다.

높이 차가 있는 곳을 이동하는 것은 추간판 탈출증에도 상당히 악영향을 끼치므로, 어렸을 때는 자유자재로 오르내렸다고 하더라도(애초에 그렇게 하지 않는 것이 더 좋지만), **노령기에는 생활 공간을 1층으로 한정하는 것이 좋다.** 물이나 식사도 1층에 놓고, 화장실도 1층에 마련해준다. 바깥에서 키우는 개라고 하더라도 평균 수명의 3분의 2를 넘겼다면 일정 시간 현관이나 집 안에 들어오는 기회를 만들어 앞으로 다가올 '간호받을 장소'에 익숙해지도록 하는 것이 좋다. 간호 장소는 **평탄하고 청결하며, 밝고 관리하기 좋은 장소**가 좋다.

결국 몸이 쇠약해질 대로 쇠약해진 후에 개를 갑자기 집 안에 들이려고 하면 바깥에서 자란 개는 대체로 당황하여 '밖으로 내보내달라고' 소란을 피우는 일이 많다. 그때는 이미 늦다.

🐾 유아용 울타리(펜스) 등을 활용한다

생활 공간을 1층으로 유도한다 하더라도 현관 문턱이나 소파 등 이런저런 높이 차는 있을 수밖에 없다. 따라서 개가 그런 장소에 가지 못하도록 울타리를 둘러서 막는 것이 가장 간단하고 확실한 방법이다. 그때

🦴 유아용 울타리를 이용한다

서부극 술집에 나오는 것처럼 밀면 양방향으로 열리고 스프링이 있어서 자동으로 닫히는 문이다. 개가 밀었을 때 열리지 않도록 하는 기능이 있는 것과 없는 것이 있으므로 미리 잘 확인하도록 하자.

추천하는 방법이 **유아용 울타리 등을 활용**하는 것이다.

유아용 울타리는 인터넷 등에서 찾으면 개폐식 제품이 있다. 다만 문 아래쪽에 '가로대'가 달려 있는 것은 개는 물론 사람도 발이 걸리므로 피하도록 하자. 이상적인 것은 손을 사용하지 않아도 밀었을 때 열리는 것이다.

한편, 유아용 울타리를 설치하면 반려인의 생활 동선도 크게 제한되므로 미리 장소를 신중하게 고려한 후 설치해야 한다. 그리고 낮게 설치하게 되므로 자칫 반려인이 생각지도 못하게 부딪혀 넘어질 위험도 있으니 주의해야 한다.

🐾 경사로(슬로프)나 발판을 사용한다

어떻게든 개가 올라가고 싶어 하는 가구(소파 등)는 훈련을 통해 애초에 올라가는 것을 금지하는 것이 가장 좋다. 그러나 실제로는 그렇게 훈련할 수 있는 개는 많지 않다. 가구에 오르고 내리다가 몸이 아파서 내원하는 개는 노령기에 한하지 않고 생각보다 많다. 양발을 모아서 반동을 실어서 이동할 때 걸리는 부하나, 착지 때의 충격이 좋지 않은 것이다. 사람이 계단을 오르는 것과 같은 움직임(한쪽 다리씩 올리는 움직임)이라면 관절에 부하가 걸리지 않으므로 개가 꼭 가고 싶어 하는 곳에는 **경사로**나 **발판**을 설치해주자. 경사로는 문턱 같은 '낮은 것'에 적합하다. 큰 높이 차는 경사가 급해지는 것을 피하려면 꽤 긴 것이 필요해진다. 그럴 때는 발판이 더 적합하다.

한 단의 발판 높이의 기준은 **개의 발목의 높이 정도**다. 그 이상 높아지면 양 앞발을 모아서 단번에 뛰어오르려고 한다. 그렇게까지 하지 않는다고 해도 몸에 반동을 실어서 그 기세로 오르려고 한다. 관절이 좋지 않은 노견에게 이런 행동은 해롭다. 평면을 종종걸음으로 평범하게 걷는 것과 큰 차이 없이 올라갈 수 있을 정도의 높이 차를 만들어줘야 한다.

한 단에 필요한 면적은 **개가 평범하게 네 다리로 서 있을 때 모든 다리가 그 단에 들어갈 수 있을 만한 공간이다.** 여유가 없으면 오르기 어려워

🦴 발판의 이미지

발판은 개가 네 다리로 무리 없이 서 있을 수 있는 넓이가 필요하다. 한 단의 높이는 개의 발목보다 낮고, 최악의 경우라도 무릎보다는 낮아야 한다. 점프해야 올라갈 수 있다면 너무 높은 것이다.

사진은 저자가 직접 만든 발판이다. 가운데 있는 것은
생활용품점에서 사 온 것 그대로이고 앞뒤에 이어 놓은
것은 직접 다리의 길이를 조절한 것이다.

서 다리를 모아서 단번에 뛰어오르려고 하기 때문이다. 처음에는 앞뒤
표지가 붙어 있는 잡지를 테이프로 단단히 묶은 것 등 저렴하고 미세
한 조정이 가능한 소재로 직접 만들어 쓰고 개가 안정적으로 다닐 수
있게 되면 나무판 등으로 보기 좋게 다시 만드는 것도 좋다.

높이 차를 완화하는 발판은 올라섰을 때 흔들리지 않도록 묵직하게
만들어 미끄러지지 않도록 해야 한다. 가볍고 잘 흔들리는 발판은 넘어
질 위험이 있다.

🐾 반려견과 함께 자도 상관없다

잠자리도 개가 이동하기 편한 곳에 마련해야 한다. 밤에 반려인과 함
께 2층에서 잠을 잤다면, **반려인이 이불을 1층으로 옮겨서 같이 자야** 한
다. 사실 개뿐 아니라 반려동물과 함께 자는 것은 위생적인 측면에서도
그렇고 교육 면에서도 추천하는 바는 아니다.

하지만 저자는 명백하게 면역력이 약한 유아나 노인이 있는 가정을

🦴 개와 함께 잠을 자는 습관을 들였다면 끝까지 지켜야 한다

ZZZ

오도카니......

죽을 때까지 함께 잠을 잘 각오가 없다면, 처음부터 따로 자도록 훈련해야 한다. 나이를 먹고 나서 바꾸면 큰 스트레스가 되기 때문이다.

제외한다면 반려인의 판단에 맡긴다. 현실적으로 개나 고양이와 함께 침실에서 잠을 자는 반려인이 많다. 원래 그렇다면 무리하게 말릴 필요도 없으리라. 다만 일단 함께 자는 습관을 들였다면 **끝까지 그 방식을 고수해야 한다.**

어디까지나 참고 수치이긴 하지만, 한 예를 소개하려 한다. 저자가 키우는 강아지는 평균적인 체격의 프렌치 불도그(암컷)다. 저자가 자는 침대는 높이 45cm이지만, B4 사이즈(364mm×257mm)의 목제 발판을 3단으로 만들어두었으며, 각 11.25cm의 높이 차를 두었다. 사실은 4단으로 만들고 싶었지만, 공간 문제로 이 정도에서 타협했다.

우리 개는 약간의 반동을 이용해서 이 계단을 오르락내리락하는데, 흥분하면 도움닫기를 해서 바닥→2단→침대로 뛰어오르곤 했다. 이것을 막기 위해 도움닫기를 할 수 없도록 바로 앞에 가구를 놓아두었다. 이처럼 반려인 스스로 **반려견의 동선이 자연스러워지도록 연구**해야 한다.

개의 허리와 다리 힘이 더욱 약해져서 이 높이도 이동하기 어려워지면 약간 두꺼운 매트리스를 바닥에 두고 개를 간호하기 위한 매트리스를 옆에 깔고 생활하며 밤에도 반려인은 개 곁을 지켜야 한다. 잠자리, 화장실, 물을 마시는 곳 등은 개가 힘들이지 않고 이동할 수 있는 가까운 곳에 마련해주자.

🐾 바닥을 미끄럽지 않게 만든다

청소라는 측면에서 보면 생활 공간의 바닥은 마룻바닥이 가장 좋지만, 발에 힘이 빠진 개는 미끄러져 다리 사이가 벌어지고 그대로 주저앉을 수 있다. 그럴 경우 개가 행동하는 범위에 미끄럼 방지 매트를 깔아주자(오른쪽 페이지 사진).

🦴 미끄럼 방지 매트

사진은 산코의 반려동물용 발수(撥水) 타일 매트다. 표면은 미끄럼 방지 가공이 되어 있다. 8장이 한 세트이며 약 2,000~3,000엔이다. 넓은 범위로 깔려면 상당한 비용이 들므로, 저렴한 요가 매트 등을 사용해도 된다.

'세척이 쉽다.', '청소하기 쉽다.', '비용이 싸고 심하게 오염된 부분은 마음 편히 버릴 수 있다.', '두께는 최대한 얇고, 개의 다리를 충분히 붙잡아줄 수 있다.'는 모든 요소를 완벽히 갖춘 것은 좀처럼 많지 않지만, 근처에서 구할 수 있는 것으로 연구해보자. 반려견이 노후 생활을 보내고 간호받는 장소는 안전에 신경을 쓴 배리어 프리(Barrier Free) 공간이 되도록 미리 구상해두는 것이 좋다.

다리와 허리가 약해지기 시작하면?

- 하네스나 특수 훈련을 검토한다

앞에서 말한 바와 같이 원래 활발한 개는 자신의 몸의 노화를 자각하지 못하고 전처럼 움직이려고 든다. 하지만 일단 나이를 먹으면 '급발진', '급핸들링', '급브레이크'와 같은 동작은 하지 못하게 하자. 마치 자동차 운전 연습장에서나 나올 법한 말이지만 정상적인 속도 혹은 약간 빠른 속보 정도로 속도를 억제하고 **양발을 모아서 달리는 동작은 상태를 지켜보면서 짧은 시간 안에 끝내도록 하자.**

한편, 천천히 종종걸음으로 걷는 산책이라면 스스로 만족할 때까지, 애초의 습관과 비슷한 정도의 거리, 시간이라도 문제없다. 호흡이 크게 흐트러지거나 걷는 모습이 이상해 보이거나 개구 호흡(입을 열고 헥헥거리는 호흡)으로 혀의 움직임이 커졌다면 한계에 도달했다는 신호다. 그렇게 되기 전에 산책을 마치도록 하자.

정도의 차이는 있지만 고령견은 대부분 관절염을 앓는다. 너무 많이 움직이든 그다지 움직이지 않든 운동 능력은 저하된 상태이므로, **상태를 제대로 확인하면서 천천히 산책**하는 것이 좋다. 강한 착지나 점프 동작은 관절 사이에 있는 연골을 누르기 때문에 급격한 통증을 일으킬 수 있다.

🐾 하네스를 사용해 산책을 지속한다

다리와 허리가 약해지는 것을 방지하기 위해서는 느긋하게라도 상관없으니 산책을 지속하는 것이 중요하다. 하지만 마사지나 관절 퇴화 방지를 위한 각종 치료를 하더라도 점점 자기 힘으로 보행하거나 일어서

🦴 다리와 허리가 약한 개는 하네스를 사용한다

상반신을
지지하는 유형

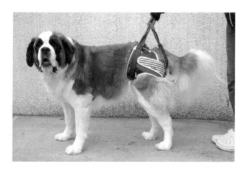

하반신을
지지하는 유형

톤보(http://www.with-dog.com/)에
서 제작한 보행 보조 하네스 '랄라워
크(LaLaWalk)' 시리즈의 특징은 다양
한 크기와 색상이다. 개의 상태에 따
라 상반신을 지지하는 유형, 하반신을
지지하는 유형, 온몸을 지지하는 유형
등이 있다. 개를 지지하고 걸을 때는
반려인의 팔 힘이 필요하므로, 체중이
있는 대형견의 산책을 시키는 일은 힘
이 있는 사람이 하는 것이 좋다. 또한
이 회사에서는 간호용 쿠션, 캠프나
재해 피난 시에 사용할 수 있는 접이
식 이동장 등도 취급한다.

사진 제공 : 톤보

온몸을
지지하는 유형

는 것이 어려워지는 것은 피할 수 없다. 처음에는 **폭이 넓은 산책 하네스**를 사용하여 반려인이 조금씩 들어 올리는 힘을 가하는 정도로 어떻게든 되지만, 뒷다리가 많이 휘청거리기 시작한 후에는 상반신을 메인으로 들어 올리는 하네스로는 지지할 수 없게 된다.

이 같은 경우에는 몸통 전체를 통으로 감싸 올리는 것이나 허리 주변을 별도로 지지하는 하네스를 더하는 제품을 사용한다.

정밀한 제품은 몸의 크기를 잰 후에 주문 제작하는 방식이며 가격이 꽤 비싸므로 처음에는 단순한 제품을 사용하는 것이 좋으리라. 반려인의 팔은 아플 테지만 이것을 이용해 보행 운동을 계속하면 **노화의 속도를 억제하는 효과**를 기대할 수 있다.

한편, 톤보의 제품은 꽤 강력한 지지 능력이 있다(137페이지 사진).

🐾 수중 트레드밀이란?

비만이나 관절 질환의 악화로 인하여 일반적인 보행 훈련이나 치료가 어려운 개도 있다. 이와 같은 경우에는 물의 부력을 빌려서 걷게 하는 **수중 트레드밀(Treadmill)**이라는 장치를 사용할 수 있다(오른쪽 페이지 사진).

수조 안에 러닝 머신(=Treadmill) 같은 벨트 컨베이어가 들어 있는데, 동물을 어깨 부근까지 물에 담가서 체중 대부분을 부력으로 상쇄하면서 네발로 보행 운동을 시키는 장치다.

풀 안을 걷고 이동하는 방법과는 다르게 그 자리에서 제자리걸음을 하는 운동이기 때문에 물의 저항이 적다. 하지만 중력의 부하를 줄이면서 **물의 저항을 거슬러 움직이는 운동을 좁은 설치 공간에서 실시할 수 있는 것은 큰 장점**이다.

또한, 물을 사용하지 않고 와이어로 몸을 들어 올리듯 지지하여 비숫한 훈련을 하는 기구도 개발되었다.

추간판 탈출증이나 종양, 복합 골절 등으로 네발이 없거나 움직이지 못하게 된 개는 보행을 도와주는 휠체어가 나와 있으며 최근에는 의족도 개발되었다. 또한 모든 개에게 적용할 수 있는 것은 아니지만, 상성이 맞는다면 패럴림픽(Paralympic: 신체 장애인들의 올림픽) 선수의 장비 같은 것을 적용하여 일상생활을 크게 개선할 수 있다.

🦴 수중 트레드밀

값비싼 장비라 갖춘 병원은 많지 않지만, 만약 이런 설비를 갖춘 동물병원이 근처에 있다면 특히 팔 힘으로 지지하여 보행 훈련을 하기 어려운 대형견에게는 매우 유효한 치료법이다. 사진은 사이타마현에 있는 종합동물 의료센터(http://www.kimura-petcare.com/)의 수중 트레드밀.

머슬 컨디션 스코어로 근육량을 관리하자
- 극단적인 다이어트로 근육량이 줄어들면 위험하다

칼럼 1(24페이지)에서 해설한 신체 충실 지수(BCS)를 너무 신경 써서 다이어트에 힘을 쓴 나머지, 몸에 필요한 근육까지 줄어드는 경우가 있다.

근육은 몸을 움직이는 데 필요할 뿐 아니라, 기아와 질병이 생겼을 때 이용되는 단백질의 긴급 저장소로도 사용된다. BCS는 주로 피하 지방이 붙은 정도를 체크 확인하므로, 단순하게 사료의 양을 줄이면 근육의 원료인 단백질도 부족해지게 된다.

이것을 막기 위해서는 지방과 탄수화물을 억제하면서 단백질을 충분히 식사로 공급하고, 몸을 아프게 하지 않을 정도의 느긋한 운동으로 근육에 자극을 주는 것이 유효하다(내장의 노쇠 정도에 따라 상담이 필요하다.).

하지만 사람으로 치자면 보디빌더처럼 극단적인 근육질을 지향하는 것은 아니다. 목표는 약간 마른 근육질 몸매이다. 사람으로 치면 근육 운동을 하는 것이지만, 나이 든 개에게 의도적으로 근육 운동을 시키는 것은 불가능하므로 실제로는 평범하게 종종걸음으로 걷는 산책으로 충분할 것이다.

근육량을 확인하는 방법이 머슬 컨디션 스코어(Muscle Condition Score: MCS)다. 반려인이 보기에 대략 '요추(척추뼈)의 돌기가 오돌토돌하면 위험 신호'라고 생각하면 된다. 넓적다리나 턱을 움직이는 관자놀이의 근육도 알기 쉬운 지표다.

노화로 인하여 근육이 줄어드는 것은 피할 수 없지만, 반려인이 식사를 조절하여 근육의 감소를 최저한으로 억제하는 노력을 하면 노후 생활의 질에 차이가 분명 생기게 된다. 지방의 양만 의식하지 말고, 근육의 상태에도 주의하기 바란다.

노견 간호하기

노화로 인하여 자유롭게 움직이지 못하게 되고, 활동량
이 떨어지는 개가 있다. 이런 개는 특히 체온 관리에 신경
쓰고 몸을 살뜰히 보살펴줘야 한다. 누워서만 지내는 개
도 있으므로, 욕창을 예방·경감하는 방법도 소개하겠다.
나아가 인지 기능 장애의 대책도 살펴보자.

노견에게 꼭 필요한 '체온 유지'*
– 개에게는 어떤 전기 제품이 가장 좋은가?

개뿐 아니라 고령 동물은 체온 조절 능력이 떨어지기 마련이다. 따라서 겨울에는 어떤 방식으로든 **인위적으로 체온을 유지**하도록 해줘야만 한다. 난로나 온수 팩, 전기장판 등을 이용한 보온은 접촉한 면, 열의 파동이 닿는 쪽 외에는 체온이 올라가지 않아서 반대쪽은 차가운 채로 있다.

개가 생활하는 바닥 면은 서서 생활하는 우리가 상상하는 것보다 상당히 차가운 공기가 가라앉아 있다. 이처럼 일부는 따뜻하고 일부는 차가운 공간은 생물의 체온 조절 능력을 떨어뜨린다.

사람이 고타쓰**에서 잠들었다가 다음 날 감기에 걸리는 일이 많은 이유는 수면 중에 체온 조절이 제대로 이뤄지지 않기 때문인데 반려동물도 이와 마찬가지다.

기본적으로는 **몸을 둘러싼 공간의 온도를 전체적으로 적정하게 유지하는 것이 대원칙**이며, 부분적인 열원으로 따뜻하게 만드는 것은 보조적인 수단이라고 생각하자.

🐾 할로겐 히터, 카본 히터, 그라파이트 히터는?

전기용품 판매점에 많은, 열원이 빨갛게 변하는 할로겐 히터는 그 열의 대부분이 개의 털이나 피부의 표면에서 멈춰버리게 된다. 히터에 손

---

* 〈역자 주〉 6-1의 내용 중에는 보일러를 가동하여 방 전체를 난방하는 우리나라의 실정과는 다소 맞지 않는 내용이 있으므로 내용의 취사선택이 필요하다.
** 〈역자 주〉 나무로 만든 탁자에 이불이나 담요 등을 덮은 일본의 전통 난방 기구.

을 가까이 대보면 알 수 있듯, 피부 표면이 따끔거리는 느낌으로 뜨거워져서 몸이 따뜻해지기 전에 피부를 아프게 한다.

이 결점을 개선하기 위해 만들어진 것이 카본 히터와 그라파이트 히터다. 이들은 할로겐 히터보다도 높은 효율로 **원적외선**을 방출한다. 원적외선은 피부의 표면보다 조금 안쪽까지 도달하며, 그 열은 그대로 금방 혈액으로 옮겨져 체내로 이동한다. 할로겐보다 약한 전력으로도 같은 따스함을 줄 수 있으며, **피부 표면을 달구지 않고 몸의 안쪽을 데우는 능력**이 뛰어나다.

하지만 할로겐 히터와 마찬가지로 열을 방출하는 부분이 넓지 않기 때문에 멀어지면 급속도로 따스함이 떨어지고, 그렇다고 해서 너무 가까이 가면 역시 털이나 피부가 따끔거리며 아프다. 개가 히터 앞을 걸어 다닐 때, 많은 경우 반려인이 상상하는 것보다 그다지 따스함을 느끼지 못할 것이다.

저자는 병원에서 수술 후 체온이 떨어진 개 등을 따뜻하게 해줄 때, 입원실을 에어컨으로 따뜻하게 하는 한편, 전기방석 위에 개를 눕히고 소형 카본 히터를 몇십 분 정도 이동장 내벽을 향해 쏘아준다. 이동장의 벽은 스테인리스이므로 벽에서 반사한 열이 여러 방향에서 몸 윗면에 닿을 것을 기대하기 때문이다.

다만, 일반적인 가정에서는 어떻게든 한 방향에서만 따뜻하게 되고 만다. 노견 간호의 현장에서는 히터의 출력 조절이 어려우며, 깜빡하다 보면 화상의 위험이 있으므로 눈을 뗀 상태로 장시간 사용하기에는 알맞지 않다.

🐾 위쪽에서 '태양'처럼 따뜻하게 하는 난방 기구가 이상적이다

매트에서 잠을 자는 개에게 옆 방향에서 히터를 쏘아줘도 열은 대부분 '개의 상공'을 그대로 지나가버리고 만다. 하지만 틀어놓기만 해도 개의 몸 일부에만 열이 가지 않는 편리한 난방 기구가 있다.

가장 좋은 것은 **위에서 열선을 통해 열을 가하는 것**이다. 열선이 닿지 않는 반대쪽은 바닥 면이므로, 사각(死角)이 차가워진다는 단점이 없다. 적당한 간격을 두고 설치한다면, 마치 햇볕을 쬐는 듯한 자연스러운 따뜻함을 줄 수 있다.

예를 들어 **자석이 내장되어 있어 철제 제품에 붙일 수 있는 난방 기구**가 있다. 테이블 등으로 바닥 면 위에 '망루'를 씌우는 것처럼 만든 다음 이것을 그 아랫면에 붙이면, 위에서 아래로 열을 보내기 때문에 개의 잠버릇이나 움직임에 상관없이 따뜻하게 해줄 수 있다.

또한 **병풍형 난방 기구**도 있다. 천장에 붙여서 사용하는 방식은 아니지만, L자형으로 꺾어서 설치하기 때문에 두세 방향에서 따뜻하게 할 수 있다. 면적이 넓고 발열량도 꽤 많아서 중·대형견의 몸 전체를 따뜻하게 할 수 있다. 조금 덮이도록 기울여서 설치하는 것도 좋다. 다만 너무 기울이면 제조 회사에서 상정하지 않았던 방식으로 열이 모일 위험이 있으므로 주의하자.

현재, 저자가 키우는 프렌치 불도그의 잠자리 옆에는 이 병풍형 난방 기구가 놓여 있다. 프렌치 불도그는 단모종이어서 추위를 많이 타기 때문에 사람에게 딱 좋은 실온이어도 개에게는 약간 추울 수 있다. 하지만 이 난방 기구를 설치한 후로 우리 집 개는 겨울이 되면 이 앞을 떠나지 않고 누워 지낼 만큼 매우 좋아한다.

한편, 현재의 난방 기구는 세 시간 정도가 지나면 저절로 꺼지는 제품이 많지만(안전을 위해서), 이 병풍형 제품은 그런 기능이 없다는 점도 편리하다.

일본에서는 중요 난방 기구가 에어컨이라는 사실은 분명하지만, 이처

🦴 병풍처럼 접어서 세우는 유형의 난방 기구

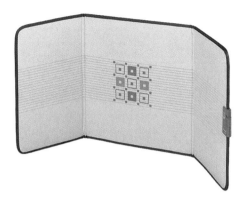

사진은 파나소닉의 데스크 히터 DC-PKD3-C. 출력
이 '강'일 때 165W, '약'일 때 83W로 파워풀하다.

사진 : 파나소닉

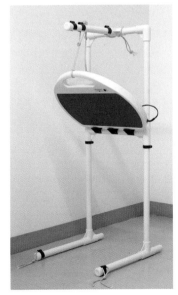

🦴 '우스키식' 수제 난방 기구

저자의 동물병원에서는 염화 비닐 파이프를 가
공하여 이동식 스탠드로 만들고 여기에 시판되
는 원적외선 난방기를 끈으로 매달아 사용한다.
사진의 원적외선 난방기는 150W급이다. 50W
급의 원적외선 난방기도 시험해봤지만 안타깝
게도 역부족이었다.

럼 일부에만 열이 집중되지 않는 방식을 채용한 제품을 보조적으로 사용하여 노견의 저하된 자기 체온 조절 능력을 보조해주자.

한편, 따뜻하게 하는 동시에 관절의 통증을 완화하기 위하여 병원 내에서 저자가 사용하는 것은 오므론(OMRON) 사의 적외선 치료기 'HIR-227'이다. 이것은 체온을 높이는 것이 목적이 아니라, **적외선을 몸 속까지 보냄으로써 관절통을 완화하는 것이 목적**이다.

켜둔 채로 계속 사용하는 것이 아니라, 네발의 관절이나 등줄기에 아침저녁으로 10분 정도씩 대어줌으로써 노견의 약해진 다리와 허리를 지지하는 효과를 볼 수 있다. 다만 사람용이므로 책임지고 주의하며 사용하기 바란다(문제는 없을 거라고 생각하지만).

🐾 전기장판은?

앞에서 말한 바와 같이 전기장판에만 의존하는 것은 좋지 않다. 이것은 어디까지나 보조적인 난방 기구이다. 또한, 누워만 있게 된 상태에서는 욕창의 예방이나 치료가 필요해지므로 다양한 매트리스를 사용해야 한다. 이때 전기장판을 깔아둘 수는 없으므로, 개가 아직 편하게 돌아다닐 수 있다면 주로 머무는 잠자리와는 별도로 방석 두 개 정도의 작은 전기방석을 깔아주어 마음껏 이용하게 하는 것이 좋다.

따뜻해서 거기에서 움직이려고 하지 않게 될 수 있으므로 반대로 몸 상태를 망가뜨릴 수도 있으니 온도는 최저로 하여 사용하자. **에어컨으로 온도를 조절한 상태라면, 원칙적으로는 크게 필요하지 않은 장비다.**

🐾 일본에서 주요 난방 기구는 에어컨

집의 구조에 따라 다르기는 하지만, 천장~사람의 눈높이~바닥의 온도가 4~5도씩 다른 곳도 드물지 않다. 에어컨의 온도 센서는 본체 혹은 리모컨에 부착된 경우가 많지만, 고급 기종의 경우에는 적외선 센서로 바닥의 온도를 감지하는 것도 있다. 설정한 온도가 실제로 어느 정도 실현되었는지는 방의 구조나 에어컨의 기종에 따라 다르므로, 실험해보고 감각을 익히자.

방의 공기를 상하로 뒤섞기 위해서 **선풍기**를 설치하는 것은 반려인의 무릎 아래를 차갑게 하지 않기 위해서도 유효하다. 열은 어떻게든 위로 향하게 되므로 바닥 부근을 개에게 최적의 온도로 만들어주려다 보면 서서 생활하는 반려인 쪽이 너무 더워지게 된다. 방 전체의 공기를 위아래로 잘 섞어주는 것이 에너지 절약 차원에서도 합리적이다.

🦴 실내의 온도 차에 주의한다

따뜻한 공기는 상승하고 차가운 공기는 하강하므로, 실내의 천장과 바닥의 온도가 꽤 차이 난다. 이것을 해소하기 위해 공기를 섞어준다.

한편, 가전용품 판매점에서 판매되는 이른바 서큘레이터는 소리가 꽤 시끄럽다. 추천하는 것은 DC(직류) 모터로 구동하는 벽걸이형 선풍기를 가장 약하게 돌리는 것, 혹은 컴퓨터용 케이스 팬으로 판매되는 14cm 팬(1,000~2,000엔 정도)을 DIY로 천장 부근에 설치하는 것이다. 저자의 병원에서는 그렇게 하고 있다. 그렇게 하면 보기에는 조금 안 좋을 수 있지만, 저소음, 즉 미풍으로 실내의 공기를 상하로 섞을 수 있다. 어느 쪽이든 소비 전력은 극히 미미하므로 계속 켜두자.

DC 모터로 구동하는 벽걸이형 선풍기의 경우, 직경 35cm의 제품이 소비 전력이 적고 조용하며 충분히 시원하다. 한편, 회전 기능을 켜면 기어 소리가 시끄러워서, 우리 병원에서는 회전을 시키지 않고 여름이든 밤이든 계속 켜둔다. 풍량을 가장 약하게 하면 회전음은 거의 들리지 않으며 조용한 침실에서도 문제없이 사용할 수 있다. 비수기(즉, 겨울)에 구매하면 여름보다 저렴하게 살 수 있다.

한편, 사람이나 개에게 바람이 직접 닿지 않도록 해야 한다. 또한 집 안에서(동물병원도 마찬가지지만) 먼지가 일어나는 것은 좋지 않으므로 바닥에 놓는 제품보다는 미풍이 위에서 아래로 내려오는 형태가 좋다. 천장에 팬이 달려 있다면 그것을 돌리는 것도 좋다.

🐾 개가 생활하는 높이의 정확한 온도를 파악한다

겨울의 집 안 온도의 기준은 23~25도다. 에어컨의 설정 온도가 아니라 바닥 부근의 실제 온도다. 온도계는 개가 실제로 생활하는 장소에 개의 시선 높이로 설치해두자. 대개 바닥에서 30cm 이내의 높이다. 큰 온도계라면 반려인이 선 채로 눈금을 읽을 수 있어서 편리하다. 너무 싸구려 제품은 수치를 신용할 수 없으므로 어느 정도의 가격대가 있는 제품을 고르기 바란다. 그리고 모르는 사이에 온도계가 망가질 수 있으로, 저자는 2개를 놓고 큰 차이가 없는지를 확인하고 있다.

개가 둥글게 몸을 말고 잠을 잔다면 조금 춥다는 뜻이다(몸이 굳어서 둥글게 말지 못할 때도 있지만). 몸을 떨고 있다면 꽤 춥거나 어딘가가 아픈 상태이므로 확실히 구별해야 한다. **몸을 쭉 펴고 잠을 잘지 말지의 경계선 정도가 되도록 난방 기구를 통해 온도를 조절**하자. 털이 성기고 몸이 작은 개일수록 온도를 높여줘야 한다.

🦴 온도계는 노견의 건강 관리에서 빼놓을 수 없는 물건이다

사진은 타니타의 자석형 디지털 온습도계 TT-559(약 1,300엔).

'온수 팩'으로 자극적이지 않은 따뜻함을

- 지퍼 백에 온수를 넣으면 편리하다

기본은 **6-1**에서 말한 것과 같이 **공간 전체를 따뜻하게 하는 것이 최선**이지만, 일시적으로 따뜻하게 하고 싶을 때, 특별히 부분적으로 따뜻하게 해주고 싶을 때는 **온수 팩**을 활용하는 것이 간편하다. 사람용의 온수 팩은 너무 크므로 등이나 배에 대게 할 때는 **사각형 페트병에 양말을 씌운 것을 사용**한다.

온수 팩에 넣는 물의 온도는 밀착시키는 방법에 따라 다르지만, 최대 50도 정도까지로 한다. 꼭 대고 있을 때, 반려인이 만져봐서 장시간 만진 채로 있을 수 없을 정도의 온도는 화상의 위험이 있다. 특히 털이 없는 부위에 밀착시킨다면 45도 정도가 좋을 것이다. 참고로 허리나 관절이 아픈 개가 네발을 직접 뜨거운 물에 담그는 온열 치료에 사용되는 물은 42도인데, 온몸을 장시간 담글 때는 좀 더 낮게 설정한다. **반드시 자신의 손으로 온수 팩을 만져보고, 표면 온도를 확인하자.**

네발이나 몸 위에 올리거나, 둘둘 감아서 사용할 때는 **지퍼 백**에 따뜻한 물을 넣으면 편리하다. 지퍼 백을 사용할 때는 물을 약간 적게 넣어 따뜻하게 해주고 싶은 부위의 형태에 맞춘다. 부위에는 그대로 대더라도 상관없지만, 얇은 수건 등으로 싸는 것도 좋다. 부피가 클수록 온도가 오래 유지되므로, 처치에 방해가 되지 않는 범위에서 가능하면 커다란 지퍼 백을 사용하자.

너무 뜨겁지 않도록 신경 쓰면서 1회 30분 2~3번 시행한다. 발끝이라면 환부에 감은 채로 놔두어도 되지만, 개가 불쾌해한다면 환부가 붉어지지는 않았는지 온도를 틈틈이 확인하자. 장시간 방치하면 물의 온도가 내려가 반대로 체온을 빼앗을 수 있으므로 **끝난 후에는 반드시 회수해야 한다.**

한편, 일회용 손난로는 사람이 옷 안에 넣어서 사용하는 방법 말고는 효과가 크지 않은 난방 도구이며 온도의 조절이 어려우므로 피하도록 하자.

비접촉식 적외선 디지털 온도계가 하나 있으면, 물의 온도에서 바닥 온도까지 순식간에 측정할 수 있다(아래 사진). 인터넷에서 2,000엔의 저렴한 제품부터 10,000엔의 고성능 모델까지 구매할 수 있다. 집에 하나 있으면 무척 편리하다. 투명한 액체의 온도 측정은 불가능하지만, **불투명한 통에 물을 넣은 후 밖에서 온도를 재는 것은 문제없다.**

무조건 따뜻하게만 하면 좋은 것은 아니므로, 어디를 어떻게 따뜻하게 할 것인지는 담당 수의사와 상담해서 결정하자. 단순히 따뜻하게만 하는 것이 아니라, 레이저, 전기 자극, 초음파, 침, 뜸 등 치료를 추가하는 다른 방법도 있다.

🦴 비접촉식 적외선 디지털 온도계

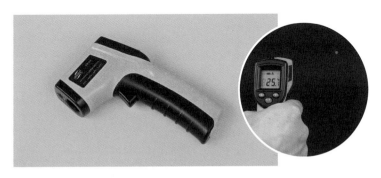

사진은 GM320(BENETECH). 계측하고 싶은 장소를 레이저 포인터로 표시하므로 정확히 잴 수 있다. 측정 가능 온도는 −50~380도. 소비자 가격은 약 1,500엔.

노견은 더위에 약하다
- 3가지 기본 사항을 제대로 지킨다

앞에서 말한 바와 같이 사람이든 개든 나이를 먹으면 체온 조절 기능이 떨어짐과 동시에 지각도 둔해진다. 일본에서는 2015년 여름, 에어컨을 싫어하는 고령의 세 자매가 모두 열사병으로 사망한 후 지인에게 발견된 가슴 아픈 사고도 있었다.

동물은 말을 할 수 없어서 쉽게 알 수 없지만, 에어컨을 싫어해서 금방 도망쳐버리는 개도 꽤 많다. 하지만 개가 아무리 싫어하더라도 생명에 위기가 닥칠 정도로 고온 환경에 방치해서는 안 되므로, **더운 방에서 혀를 헥헥거리며 헐떡이고 있다면 억지로라도 시원한 방으로 옮겨주자.**

개가 몸의 표면으로 열을 방출하는 양은 그리 많지 않다. 하지만 그렇다고 하더라도 털을 짧게 깎아주자. 특히 복부에서 사타구니까지는 이발기로 매끈하게 밀어주는 쪽이 엎드려서 바닥에 접촉할 때 열을 내보내기 쉽다. 머리나 등은 스타일을 우선시해도 상관없다. 한편, 골든 레트리버나 콜리 계열, 포메라니안 등은 털이 자라는 데 시간이 걸리고 때에 따라서는 원래대로 털이 나지 않을 때도 있으므로 신경이 쓰이는 사람은 미용사와 상담해서 정하는 것이 좋다.

냉각 매트 같은 것도 시중에 많이 나와 있다. 개의 체온을 냉각 매트로 옮길 뿐이므로 방이 원래 덥거나 혹은 개의 열이 전부 옮겨가서 개의 체온과 같아져버린 후에는 아무런 효과가 없다. 만약 방열용 핀이 붙은 알루미늄이나 구리로 된 발판이 달려 있어서 그 하단에 공간이 있으면, 빨아들인 열을 아랫면을 통해 전부 방출하므로 계속 그 위에 올라가 있어도 냉각 효과가 지속되기는 한다. 다만 그것도 실온보다 낮추는 효과가 있는 것은 아니다. 기성 제품 중에 그런 제품이 있는지 찾아봤지만, 안타깝게도 찾지 못했다. 참고로, 반려인이 열심히 노력해서 스스로 만들더라도 개가 결국 그 위에 올라가지 않는 경우도 많다.

이런 상품에 관한 상담을 자주 받곤 하지만, 기본적으로는 **방의 온도를 에어컨으로 어느 정도 온도를 낮추고, 개의 취향에 따라 약간이라도 냉각 효과가 있는 것 위에 올라가 있도록 하는 것**이 적절하다.

개는 본래 물을 많이 마신 후 팬팅 호흡(Panting: 헐떡거리는 호흡)과 타액 증발을 통해 기화열을 발산하여 체온을 낮춘다. 사람처럼 땀을 흘려서 체온을 낮추는 것이 아니다. 따라서 '모피를 입고 있는' 개는 선풍기 바람을 쐬어도 사람만큼 시원함을 느끼지 못한다. 이러한 이유로 **물은 언제나 청결하고 신선한 것을 충분히 놓아두는 것**이 중요하다. 관절이 약해진 개라면, 물그릇에 입을 가져가기 힘들어서 물을 마시고 싶어도 마시지 못할 때도 있다. 개의 행동을 때때로 확인하여 그릇의 형태나 위치를 마시기 쉽도록 조절해주자.

또한, 실온이 그럭저럭 낮더라도 습도가 높으면 타액 증발에 의한 기화열의 발산이 제대로 이뤄지지 않는다. 장마 때의 꿉꿉하고 흐린 날, 어린 허스키가 경도의 열사병으로 실려 온 적이 있었다. 온도는 27도, 습도는 65도 정도의 날이었다. 설치하는 모든 온도계는, **습도계도 달린 제대로 된 제품**을 선택하자.

어찌 됐든 기본은 '신선한 물을 제대로 마시게 하는 것'+'에어컨으로 방의 온도와 습도를 모두 낮추는 것'+'하복부의 털을 밀어주는 것'이다. 그 외의 제품을 사용하는 것은 보조적이라고 생각하기 바란다.

움직이지 못하게 되더라도 불편함 없이 지낼 수 있도록

- 가능하면 가구 배치를 바꾸지 않는다

개는 노령성 백내장 등으로 시력이 쇠퇴하면 특히 어두침침한 상태에서는 주변이 보이지 않게 된다. 오랜 기간 생활했던 집이라면 소리나 냄새와 더불어 감으로 어떻게든 활동할 수 있으므로 반려인은 의외로 애견의 시력 저하를 깨닫지 못한다.

이 상태에서 방의 가구 배치를 바꿔버리면 물건의 위치를 파악하지 못해서 갈피를 못 잡게 된다. **화장실에 가지 못하게 되거나 물그릇을 엎지르거나 하게 된다.**

이것을 피하려면 개가 고령기에 접어들 무렵부터는 장애물이 적은 방에 잠자리와 화장실, 물, 사료를 그다지 멀지 않은 곳에 두어 **어렵지 않게 갈 수 있도록 하고 이 배치를 기억하게 하는 것이** 좋다. 가구의 배치도 최대한 단순하게 하며, 들어가면 나오기 어려운 좁고 막다른 골목은 없애자. 책상이나 의자도 놓지 않을 수 있다면 그러는 편이 좋다. 이리저리 배회하게 되었을 때 대책을 세우기 쉽기 때문이다.

한편, '언제나 계단을 자기 힘으로 오르락내리락하고 잘 때는 2층에 있는 반려인의 침대 위로 간다.'거나 '평소에는 대개 1층에 있지만, 반려인을 따라서 2층에도 간다.'는 집도 꽤 많다. 이런 반려인에게 인지 기능 장애가 발병하거나 보행이 어려워진 후에 상담을 받게 되는 일이 많은데, '올라가거나 내려갈 때 안아서 옮겨주세요.'라고 조언해도 '계단이 좁고 경사가 급한 데다 우리 개가 너무 커서 못 안아요.'라고 답한다거나, '1층에서 함께 주무세요.'라고 조언하면 '1층에 그만큼의 공간이 없어요.'라고 답하는 바람에 해결하기 어려울 때가 있다.

사후 약방문으로는 좀처럼 좋은 개선책을 찾기 어려우므로, 그렇게 되기 전에 늙어서 걷기 어려운 상황이어도 불편하지 않은, **작고 간편하게 정리된 환경**을 만들어 개가 익숙해지도록 하자.

🦴 가구 배치 등은 바꾸지 않는다

보행 능력이 쇠퇴하면 화장실이나 물, 사료가 있는 장소로 이동하는 것도 귀찮아지는 법이다.

반려견 마사지하기
- 부담을 주지 않는 선에서 부드럽게 주무른다

수의학은 주로 서양의학에 근본을 두고 있으며 그 이론을 바탕으로 투약이나 수술을 시행하는 것이 기본이다. 하지만 인간 의료와 마찬가지로 뜸이나 찜, 마사지, 물리 치료를 하는 경우도 있다.

수의학은 인간 의료만큼 치밀하게 노하우가 확립되어 있지 않다. 따라서 전문적인 시술을 할 때 그에 상응한 공부나 경험을 쌓은 수의사가 아니면 오히려 개를 위험에 빠뜨릴 수도 있다. 반려인의 집에서는 무리하지 말고 극히 기본적인 **마사지**로 충분하며, 그것이 한계다. 또한 어떤 방법이든 '**개가 아파하지 않는 범위 내에서 한다.**'는 것이 대원칙이다. 다음에서는 마사지의 효과를 소개하겠다.

🐾 정신 안정

눈, 귀, 코의 기능이 쇠퇴한 개는 자신의 주변 상황을 쉽게 파악하지 못해 불안이 늘어나게 된다. 안아주거나 마사지함으로써 마음이 편안해지게 하며 정신적인 부분에서 개선을 기대할 수 있다. 이 경우에는 어렸을 때부터 익숙한, 개가 좋아하는 마사지(혹은 쓰다듬는 방식)가 좋으리라. 즉효성은 그다지 기대할 수 없지만, 정신적으로 안정을 취함으로써 **심신 모든 면을 개선하는 효과**를 기대할 수 있다.

🐾 림프액 순환과 혈액 순환의 촉진

혈액 안의 액체 성분의 일부는 말초 혈관에서 바깥으로 스며 나와 세포 사이를 느긋하게 통과한 후에, 림프관이라는 보이지 않는 작은 관에 모여서(림프액), 몸의 중심을 향해 돌아가게 된다. **마사지를 통해 림프액과 정맥혈의 복귀를 촉진함**으로써, 순환에 자극을 주어 신진대사가 활발해지고 조직의 활력도 높일 수 있다.

마사지할 때는 네 발끝부터 몸통을 향해서 가볍게 쥐면서 이동하는 식으로 진행한다. 몸통까지 도달하면, 다시 네 발끝으로 돌아가서 반복한다. 강도는 **어린아이와 악수하는 정도의 약한 힘으로 충분**하다. 아저씨들끼리 악수하는 것 같은 강한 힘은 너무 세다.

동시에 근육도 마사지한다. 가볍게 쥐면서 이동하는 마사지와 함께 근육만을 잡거나 손바닥 사이에 끼워서 문지른다. 미용실에서 머리를 자른 후에 받는 마사지처럼 손끝으로 누르면서 해서는 안 된다.

🦴 마사지는 부드럽게

마사지를 하는 목적은 해당 부위의 혈액 순환을 촉진하는 것이다. 사람도 손끝을 가볍게 쥔 후에 바로 손을 떼면 알 수 있듯, 강하게 누르지 않아도 손끝의 혈액이 압박받은 후에 하얘진다. 그 정도의 수준으로 '가볍게 누른 후 떼기'를 반복한다.

제6장

근육량의 저하와 가동역의 축소를 억제한다

- 운동 능력을 유지하는 재활 치료

　노화로 근육과 인대가 약해지면, 평소에 서 있는 자세도 네발이 묘한 각도로 휘어질 수 있다. X자, O자가 되거나 수근부나 족근부(사람으로 말하면 손목과 발목. 본래는 똑바로 뻗어 있다.)가 휘어서 바닥 근처까지 내려갈 때도 있다.

　염증을 일으켰다면 기본적으로는 안정이 필요하지만, 너무 안 움직이면 염증이 낫는 과정에서 그 부위가 굳어버릴 수도 있다. 이런 상태라면 관절의 가동 범위 내에서 사람의 손으로 **천천히 접었다 폈다 해줌으로써 굳는 것을 방지할 수 있다.**

　고령의 개는 관절 문제가 심해지면 퇴행성 관절염(3-4 참조)에 의해 염증이 생기고 거칠어지며 관절의 가동 범위가 좁아지게 된다. 이것을 막기 위해서는 투약 같은 치료 외에도 가동 범위 직전까지 접었다 펴는 운동을 신중하게 행한다. 일반적으로는 증상이 진행되어 심해지기 전에 시작한다.

🐾 접었다 폈다 하기는 신중하게

　힘을 주는 정도나 횟수 등의 세세한 설정은 충분하게 신경을 써야만 하는 것이므로, 담당 수의사의 지시를 따르도록 한다. 통증이 아주 미세하게 '느껴지는지 안 느껴지는지 미묘한 정도'까지 한다. 이때 진통제를 사용하거나 직전에 해당 부위를 냉찜질하는 방법 등으로 통증을 완화하는 수도 있다.

　접었다 폈다 하기의 기본은 '자전거 타기 운동'이다. **각 관절이 최대한**

접혀 있거나 혹은 펴져 있는 상태에서 아주 약간 힘을 더해서 10초 정도 정지한다. 이것을 아침저녁 각 20회 반복함으로써 조금씩 본래의 가동역에 가깝게 만들 수 있다. 물론 개가 보내는 통증 신호에 충분히 주의를 기울이고, 무리하게 강행하지 말아야 한다.

가동역이 넓어지고 통증도 없다면 관절을 잡아당기거나 만세를 하듯 팔다리를 전후로 크게 펼치기도 하는데, 이 또한 담당 수의사의 조언을 들으며 신중하게 행해야 한다.

🦴 노화로 근육과 인대가 약해진다

노화와 함께 관절의 접합부가 매끄러움을 잃고 가동역도 좁아진다.

원활한 배설을 돕는다

- 피부의 가장 큰 적은 '더러움'과 '축축함'

　견종이나 개체에 따라 차이는 있지만, 의식과 기립 능력이 쇠퇴하여 전처럼 **순조롭게 배설**할 수 없는 경우도 많다. 꼭 산책 도중에 배설하는 버릇이 든 개라면 보행 보조 기구를 달고 바깥으로 데리고 나가서 평소에 일을 보던 곳에서 배설 자세를 취하게 하는 등의 방식으로 어떻게든 해결할 수 있다. 반려견의 몸통을 들어 올려주어도 배변 자세를 취하지 못할 때까지 이런 식으로 해주어야 한다.

　하지만 본격적으로 몸을 일으키지 못하게 되면 누운 채로 배설할 수밖에 없다. 그런데 잠자리에서 배설하는 것이 싫어서 참다 보면 심한 변비에 걸리거나 방광이 확장되어 대소변이 몸속에 가득 찬 것을 스스로 깨닫지 못하게 될 수도 있다. 배를 만져보아 변이 차 있는 정도를 **매일 확인해야 한다. 이때 내장에 상처를 입히지 않도록 불필요한 힘을 주지 않아야 한다.** 그 요령은 수의사에게 지도받도록 하자.

　추간판 탈출증으로 하반신이 마비된 개도 종종 같은 식이 되지만, 방광을 압박하여 강제 배뇨시키거나 완하제나 마사지로 대장에 변이 남아서 딱딱해지지 않도록 조절한다.

　카테터를 달아 소변을 배출시키는 경우도 있지만, 카테터를 삽입한 채로 놔두면 반드시 세균이 들어가 방광염을 일으키게 되며, 집에서 빈번하게 삽입과 제거를 반복하는 것은 무리다. 단골 동물병원이 근처에 있으며 자주 다니는 경우에는 1일 1회 통원하여 수의사가 소변을 배출시켜 방광을 비워주는 방법도 있다. 이 경우에는 완전하지는 않더라도 **평소의 지속적인 요실금과 그 세척, 청소의 수고를 큰 폭으로 경감**할 수 있다.

🐾 항문 주변의 털을 밀어준다

자기 힘으로 화장실에 갈 수 없는 경우에는 그 자리에서 배설할 수밖에 없다. 엉덩이 주변 털은 더러움을 씻어내기 편할 정도로 밀어줘도 좋지만, 너무 매끈매끈하게 깎으면 오히려 배설물이 직접 닿아서 피부염을 일으키기 쉽다. **항문 주변만 짧게 하고**, 넓적다리 쪽은 어느 정도 남겨두도록 하자.

또한, 욕창은 뼈가 튀어나온 부분부터 시작된다. 그곳에 나 있는 털은 '천연 쿠션'이라는 중요한 역할을 하므로 너무 바짝 자르지 않도록 하자.

피부병이 생길 것 같은 경우에는 더러워지기 쉬운 부위를 씻어낸 후에 **바셀린**을 발라주는 것도 좋다. 다만 털이 많은 부분에 바르면 다음에 씻어낼 때 오히려 잘 씻어내기 어려우므로 피부가 노출된 항문 주변, 요도 주변이 적합하다. 하복부의 넓은 범위는 세척 후에 베이비파우더나 전용 살균제가 들어간 **동물 피부용 파우더**를 뿌린다. 욕창도 그렇지만, 일단 염증이 생기면 억제하기 힘들고 점점 커지므로 가능하면 처음에 잡아야 한다.

한편, 많은 사람들이 기저귀를 사용할지 문의하는데, 기저귀는 배설물을 밀봉한 채로 피부에 닿게 하므로 설사한 경우에는 특히 심한 피부염을 일으킨다. 소변은 곧바로 부패하기 시작하므로, 기저귀를 항상 사용하는 개는 대부분 요도를 통해 세균이 침입하여 방광염을 일으킨다.

배설물 처리는 성가신 일이지만, 기저귀는 어디까지나 일시적인 방편이다. 통원이나 이동 시에만 사용하도록 하고, 평소에는 최대한 개방하여 건조한 상태를 유지하자. 피부의 가장 큰 적은 '더러움'과 '축축함'이다. 깔개의 노하우에 관해서는 다음 항목 6-8 '욕창'에서 설명하겠다.

욕창

- 일단 생기지 않게 막는 것이 가장 중요하다

누워 있을 때, 매트(침대)에 눌리는 부위는 혈액 순환이 나빠진다. 눌려 있는 상태가 지속되면 그 부위의 조직이 죽고 피부에 구멍이 난다. 사람과 마찬가지다. 그것이 **욕창**이다.

자기 힘으로 다소나마 체위를 바꿀 수 있을 때는 그나마 괜찮지만, 상반신보다 하반신이 먼저 운동 능력을 잃기에, 옆으로 누운 채 **장골**(사람으로 치면 허리띠가 걸리는 부분), **좌골**(꼬리가 시작되는 부위 근처 양옆 돌출된 부분), **대퇴골대전자**(대퇴골의 가장 뿌리 쪽의 돌출된 부분), **무릎**,

◦◦ 욕창이 잘 발생하는 부위

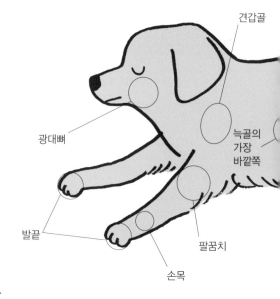

견갑골

광대뼈

늑골의 가장 바깥쪽

발끝

팔꿈치

손목

욕창은 한번 생기면 치료가 꽤 어렵다.

복사뼈 측면에 욕창이 생긴다. 무릎, 복사뼈 측면, 발끝은 **유영 운동**(무의식으로 팔다리를 허우적거리는 것)을 할 때 시트에 스쳐서 닳게 되고 상처도 생긴다.

다음으로 상반신의 움직임이 멈추면서 **늑골의 가장 바깥쪽, 견갑골, 팔꿈치, 손목, 광대뼈** 위에 욕창이 생긴다.

노화에 의해 살이 빠짐으로써 지방과 근육이 줄어들고 뼈의 돌기부가 툭 불거져서 바로 위의 피부를 강하게 누르고, 기본이 되는 혈류, 조직 재생과 같은 본래의 생명력이 쇠퇴해 있기에 어린 건강한 몸이 같은 자세를 취했을 때와 비교할 수 없을 정도로 욕창이 생기기 쉽다.

대책으로는 압력을 분산할 수 있는 매트리스를 사용하게 된다. 이것은 발생 전부터도 할 수 있는 대책이므로 사전에 준비하도록 하자.

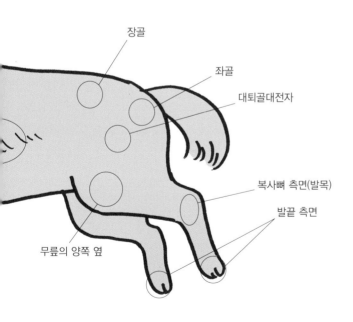

압력을 분산할 수 있는 매트리스는 몸의 굴곡에 맞춰서 변형하는 **저반발 우레탄**을 사용하는 것이 적합하다. 최근에는 나이 든 반려동물용 간호용품 시장이 점차 커지고 있기에 다양한 시험을 해볼 수 있다.

🐾 저반발 우레탄

이전에는 일반 우레탄 스펀지보다 뛰어난 매트리스 소재는 **저반발 우레탄**밖에 없었다. 다만 사람의 중량에 맞춰서 강도가 설계된 제품은 우리 집 개의 체격에 딱 맞는 굴곡을 만들어주는지 시험해보지 않으면 모른다. 따라서 개의 체격에 맞추어 반발력을 조절한 동물 전용 제품이 더 적합하다. 또한 매트리스 위에 덧씌우는 방수 커버나 시트가 딱딱하고 두꺼운 것일수록 가볍고 섬세한 소동물의 굴곡에 대응하는 능력이 떨어질 수 있다.

돈을 많이 들이지 않고 부담 없이 시험해볼 수 있는 것으로는, 인터넷 등에서 구매한 매트리스(저반발 유형이 이상적. 50cm×50cm×5cm로 1,500엔 전후)를 비닐봉지로 감싸고 그 위에 배변 패드와 수건을 까는 방법이 있다(오른쪽 위 사진). 반려동물용 제품이 거의 나오지 않았고, 있다고 해도 상당히 비쌌던 시절에는 반려인들에게 이 방법을 알려주곤 했다.

다만 이 방법은 배변 패드를 깔기 때문에 오염은 피할 수 있지만 통기성은 포기해야 한다. 하지만 **더블 라셀 메시**(오른쪽 아래 사진)처럼 통기성이 뛰어난 원단을 배변 패드 위에 사용함으로써 어느 정도는 개선할 수 있다. 이것도 인터넷을 통해 살 수 있다.

단기간만 누워 지내야 하거나 병세가 심각하지 않은 경우(언젠가 회복이 기대되는 경우 등)라면 이 방법으로 충분히 대응할 수 있지만, 최근에는 고기능 제품이 등장했기에 증상이 심각하다면 다음 제품을 추

🦴 부담 없는 반려견 욕창 대책

수건

배변 패드

매트리스

비닐봉지

매트리스(이상적인 것은 저반발 유형)를 대형 비닐봉지로 감싸고, 그 위에 물을 흡수하는 배변 패드를 깐다. 가장 위에 수건 같은 것을 올려두면 완성이다.

🦴 더블 라셀 메시 원단

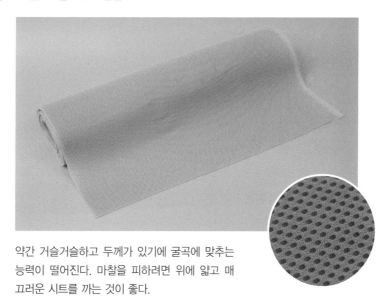

약간 거슬거슬하고 두께가 있기에 굴곡에 맞추는 능력이 떨어진다. 마찰을 피하려면 위에 얇고 매끄러운 시트를 까는 것이 좋다.

천한다. 한편, 이것은 어디까지나 실제 체험을 바탕으로 한 저자의 개인적인 의견이며, 해당 제품 회사로부터 금전적인 보상 등은 일절 받지 않았음을, 혹시나 하는 마음에 밝혀둔다.

🐾 브레스 에어(도요보)를 사용한 매트리스

욕창이나 땀이 차서 생기는 피부염을 관리할 때는 통기성이 매우 중요하다. 하지만 기존의 매트리스는 소변이 스며들지 않도록 가장 바깥층에 방수 시트를 붙여야만 했기 때문에 유연성과 통기성이 떨어졌다.

그러나 도요보의 브레스 에어는 플라스틱으로 만들어진 스틸 울 같은 성긴 구조가 완충 역할을 한다. 소재 자체가 바람을 불어넣으면 반대쪽 티슈가 날아갈 정도로 압도적인 통기성을 갖추고 있다.

오염되더라도 손쉽게 씻어낼 수 있기에 소변이 스며드는 것을 걱정할 필요가 없다. 탈수기에 들어가는 크기라면 단번에 물기를 제거할 수 있기 때문에 건조 시간도 필요 없다. 오염을 방지할 필요가 없기 때문에 그 위에 배변 패드가 아니라 통기성에 뛰어난 각종 직물을 깔 수 있다. 최근의 연구로 이 통기성이 꽤 중요하다는 것이 밝혀졌다. 이렇게 **유연성과 통기성에 뛰어난 소재는 장시간 몸을 지탱하는 매트리스의 소재로서 최적이다.**

구체적인 제품으로는 '메디컬 케어 매트'(S 사이즈 8,000엔 전후, M 사이즈 15,000엔 전후, L 사이즈 20,000엔 전후), '핀 에어 매트'(S 사이즈 10,000엔 전후, L 사이즈 20,000엔 전후) 등을 꼽을 수 있다.

사람용 방석도 플라스틱의 두께나 밀집도에 차이를 준 소프트형과 하드형이 있으므로 이것을 반려동물용으로 활용할 수 있다. 다만 사람용은 어느 정도 중량이 있는 물체를 지탱하기에 적합하기 때문에 중형견 이상일 때 적합하다. 원래 사람용으로 만들어졌기 때문에 하드형은 가벼운 소형견으로는 충분히 눌리지 않는다.

거의 비슷한 것으로 에어 웨이브사의 '에어 웨이브', 브레스 에어를 아이리스오야마에서 OEM(주문자 상표 부착 생산)하여 이름을 바꾼 '에어로 큐브'가 있는데, 에어 웨이브는 가격이 비싸서 반려동물용에는 브레스 에어를 사용한 제품이 많다.

동물 전용 기성품은 아무래도 가격이 비싸다. 예전에는 인터넷으로 브레스 에어만 구매할 수 있었다. 그래서 이것을 사서 저자의 낮잠용 침대의 내용물을 이것으로 바꾼 적이 있는데 언젠가부터 일반인에게

🦴 브레스 에어란?

브레스 에어는 도요보가 개발한 쿠션 소재로, 내구성이 뛰어나고 씻을 수 있다는 특징이 있다. 우선 감촉을 확인해보고 싶은 사람은 사람용 방석 중 '소프트형'이라고 기재된 것을 시험 삼아 구매해보는 것도 좋다. 치와와 정도라면 이걸로도 대응 가능하다.

는 판매하지 않게 되었다.

홈너스 펫

브레스 에어와 비슷한 방향성의 제품으로 **홈너스 펫**이라는 것도 있다. 브레스 에어와는 다르게, 물결치는 얇은 플라스틱 시트가 몇 층이 겹쳐져 있으며, 골판지 상자 같은 구조로 만들어져 있다. 데이진 파이버와 미나토요코하마 동물병원의 선생님들이 공동 개발했다고 한다. 세탁망을 사용하면 세탁기로 세탁할 수 있고, 그날 안에 말려 사용할 수 있다.

그 밖의 고기능·고부가 가치형 매트리스

방수층에 공정이 가해져 있거나, 쿠션층이 이중으로 되어 있거나, 그대로 들어 올릴 수 있도록 손잡이가 달린 제품 등 다양한 매트리스를 판매 중이다. 시판되지 않고 동물병원에서만 살 수 있는 제품도 있으므로 단골 동물병원에서 주문하자.

자세 유지용의 V자형 쿠션과 U자형 쿠션

베개 두 개를 연결한 모양으로, 그 사이에 반려견의 몸통을 끼워 넣는다. 몸을 일으켜 '엎드린' 자세를 취할 수 있다.

신칸센이나 비행기의 좌석에 달린 목을 지탱하는 **U자형 쿠션**도 있다. 여기에 턱을 올리고 '엎드린' 자세를 유지한다. 동시에 몸통을 지탱하는 **V자형 쿠션**도 세트로 판매된다. 체격이 맞으면 사전에 사람용 U자형 베개로 시험해보면 좋다.

V자형 쿠션이나 U자형 쿠션은 줄곧 이 자세인 채로 두는 것이 아니라 때때로 자세를 바꿔줘야 한다. 어디까지나 자세 중 한 유형이다. 예

를 들어 식후, 먹은 것이 제대로 위에 도착할 동안, 상체를 일으켜주고 싶을 때 특히 적합하다.

물론, 개가 이 자세를 싫어하면 사용할 수 없으므로 집에 있는 큰 수건 등을 둘둘 마는 등 사전에 비슷한 것을 만들어서 시험한 후에 완성품을 구매하는 것을 추천한다.

🐾 도넛 형태의 쿠션
작은 **도넛** 형태의 유형은 여러 종류가 있다. 이것은 옆으로 누웠을

🦴 홈너스 펫이란?

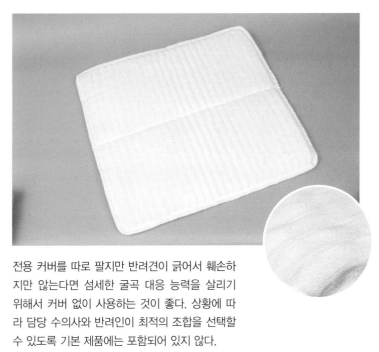

전용 커버를 따로 팔지만 반려견이 긁어서 훼손하지만 않는다면 섬세한 굴곡 대응 능력을 살리기 위해서 커버 없이 사용하는 것이 좋다. 상황에 따라 담당 수의사와 반려인이 최적의 조합을 선택할 수 있도록 기본 제품에는 포함되어 있지 않다.
홈너스 펫 http://petsuki.com/homenurse/

때 볼 아래에 닿게 해서 베개로 쓰거나, 욕창이 발생한 부위 아래 놓고 환부에 **압력을 가해지지 않도록 할 때** 사용한다. 깁스 고정용의 가는 통 모양의 천[스타키넷(Stockinet), 동물병원에 있다.]에 폴리에스테르 솜을 채우고 딱 좋은 크기로 재봉해서 반려인이 직접 만들어주어도 좋다.

아무리 고기능의 매트리스를 사용하더라도, 움직이지 않고 가만히 누워 있으면 반드시 욕창은 생긴다. **계속해서 자세를 바꾸는 것이 가장 중요한 예방책**이다.

또한 모든 매트리스의 공통적인 문제점이라면 두께가 있을수록 성능이 좋고 쿠션감을 높이기 쉽지만, 다리 힘이 없는 소형~중형견이라면 그 높이를 뛰어넘지 못하고 넘어진다. 노견은 위로 기어오르지 못할 수도 있으니 반려견을 둘러싼 모든 간호 공간을 대형 매트리스로 가득 채우거나 매트리스 주변의 높이 차를 경사로나 발판 같은 것으로 줄여주어야 한다.

이런 고기능의 간호용 깔개는 실제로 필요해졌을 때 뒤늦게 마련하면 경계심이 강한 개는 그 촉감이나 냄새가 익숙하지 않아 피할 때가 많다. 몸의 굴곡에 맞는지, 통기성은 어떤지도 개가 힘을 잃고 누워 있을 때는 좀처럼 알 수 없다. **건강하고 기운 있을 때 평소에 사용하는 잠자리용 매트리스로 마련해주어 미리 사용감을 확인하고, 우리 개가 가장 좋아하는 제품을 사용하는 것이 좋다.**

쿠션을 두는 장소를 고를 때는 그곳에서 가족의 모습을 볼 수 있거나, 창가에서 늘 관심 있어 하는 방향을 볼 수 있거나, '이곳이라면 난 좋아.'라고 생각하는 환경을 미리 찾아두는 것이 좋다. 백내장이 생겨서 눈이 보이지 않는다고 해도 창문을 열었을 때 늘 불던 바람의 방향을 피부로 느끼고 늘 맡던 공기의 냄새를 직접 맡게 하는 것이 가장 중

🦴 욕창이 생겼을 때는 도넛 형태의 쿠션을 사용한다

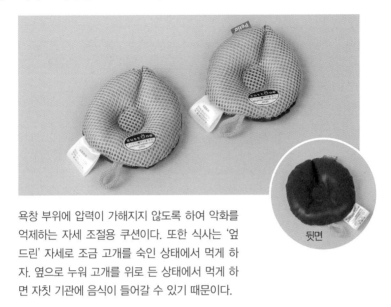

뒷면

욕창 부위에 압력이 가해지지 않도록 하여 악화를 억제하는 자세 조절용 쿠션이다. 또한 식사는 '엎드린' 자세로 조금 고개를 숙인 상태에서 먹게 하자. 옆으로 누워 고개를 위로 든 상태에서 먹게 하면 자칫 기관에 음식이 들어갈 수 있기 때문이다.

🦴 욕창 예방용 지지대

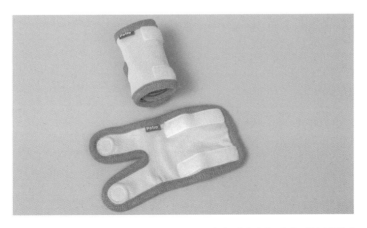

사용할 수는 있지만 저절로 틀어지거나, 오히려 지지대에 의해 다른 부위에 압력이 가해지거나, 소변이 묻어서 부패할 수 있으므로 주의해야 한다.

요하다(낙하 방지용 울타리를 설치해야 할 수도 있다.).

🐾 이미 생겨버린 욕창에 대한 대책

표면이 빨갛게 되거나 얇은 막이 한 장 벗겨진 정도(오른쪽 페이지 그림의 1단계)라면, 도넛 형태의 쿠션을 대어 압력이 가해지지 않게 하는 정도로 회복을 기대할 수 있다. 그러나 조직이 더욱 심하게 괴사·결손되어 명백하게 파이거나 뼈까지 보이게 된 정도(3~4단계)에는 적극적인 상처 치료가 필요하다.

살을 봉합하는 치료가 완전히 불가능한 건 아니지만 그런 치료는 대개 주변 피부를 크게 자르고 펼쳐서 이어 붙이는 꽤 큰 수술이다. 따라서 수술을 하기보다는 생살이 올라와 결손된 구멍을 메우기를 기다린다. 이때 중요한 것은 '피가 제대로 통하게 한다.', '무균 상태를 유지한다.', '살의 표면이 젖어 있어야 한다.'는 것이다. 하나하나 설명하겠다.

🐾 피가 제대로 통하게 한다

혈류의 확보가 곧 욕창 방지 대책이다. 충분한 혈류를 확보할 수 없게 되었기 때문에 욕창이 발생하는 것이므로, 각종 자세 유지 상품, 도넛 형태의 쿠션을 사용하여 환부에 압력이 가해지지 않도록 한다. 압력이 가해지면 조직은 절대로 되살아나지 않는다. 다만 예방할 때보다 신중하게 시행해야 한다. 약간의 어긋남이나 압력에 의해 쉽게 실패하기 때문이다. '욕창은 생기기 전에 예방하는 것이 가장 편하다.'는 말이 있는 것은 그 때문이다.

🐾 무균 상태를 유지한다

일반인이 세균을 없애는 방법으로 가장 먼저 생각하는 것은 **소독약**

🦴 욕창 진행 정도의 기준

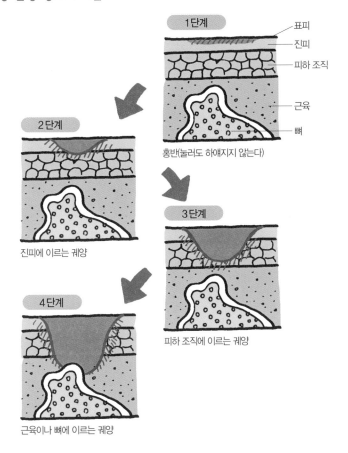

1단계

표피
진피
피하 조직
근육
뼈

홍반(눌러도 하얘지지 않는다)

2단계

진피에 이르는 궤양

3단계

피하 조직에 이르는 궤양

4단계

근육이나 뼈에 이르는 궤양

뼈가 튀어나오고 바닥에서 강하게 압력을 받는 부분부터 욕창이 시작된다.

을 통한 세척일 것이다. 하지만 소독약은 잡균을 죽이는 것과 동시에 정상적인 몸의 세포도 죽인다. 상처가 완전히 곪았을 때는 포비돈 요오드(빨간약)를 바른 채 강하게 문질러서 고름이나 죽은 조직째로 잡균을 없애기도 한다. 그러나 약간의 잡균을 제거하기 위해 소독약으로 세척하는 것은 득보다는 좋은 세포를 죽이는 실이 너무 크다.

상처에서 살짝 비린내가 나는 정도라면 그것은 자연스러운 짐승의 고기 냄새 그 자체이므로, 잡균이 많이 번식한 상태가 아니다. 상처는 꿰매지지 않은 개방된 상태이므로 얼핏 보면 고름이 나오는 것처럼 보일지 몰라도, 썩는 냄새가 나지 않는다면 그것의 정체는 개의 몸에서 나온 백혈구나 조직 복원용의 세포다. **이것들은 소독약을 뿌리거나 닦아 내서는 안 된다.** 다만 판별이 어려운 경우가 많으므로 그때그때 동물병원에서 진단을 받고 대응책을 문의하자. 또한 물기가 너무 많은 경우에는 조금 닦아내거나 수돗물로 살짝 씻어낼 때도 있다.

🐾 살의 표면이 젖어 있어야 한다

상처를 낫게 하려고 몸의 세포가 많이 모여드는데, 이들 세포가 활동하기 위해서는 상처가 젖어 있어야만 한다. 노출된 살에서는 저절로 체액이 스며 나오는데, 그곳에 세포가 모여듦으로써 얼핏 보면 고름과도 같은 유백색의 걸쭉한 것이 붙어 있다. 전에는 '이것들을 씻어내고 상처를 건조시키는 것'이 정설이었다.

어렸을 때, 무릎에 상처가 나 커다란 딱지가 생겼는데 가렵고 불편해서 딱지가 저절로 떨어지는 것을 기다리지 못하고 손으로 떼어낸 적이 있지는 않은가? 이때 **딱지 안쪽이나 낫는 과정에서 상처에 붙어 있던 유백색의 점액, 그것이 중요한** 것이다. 딱지 밑에는 유백색의 점액이 모여들어 거기서 조직이 재생되기 때문이다. 욕창을 치료할 때는 **이 상황을 인위적으로 만들어주는 것이 빠른 재생의 핵심**이다. 처음에 '압력이 가해지지 않아야 한다.'고 말한 것은 이것이 제대로 실현되고 있다면 극단적으로 말해 아무것도 하지 않아도 저절로 그곳에 '점액 덩어리'가 생기고 그 표면이 말라서 보호막이 되기 때문이다.

하지만 실제로는 튀어나온 부분에 욕창이 생기게 되므로, 그저 반창고만 붙인다면 체압에 눌려서 통하는 혈액이 줄어들고 점액 덩어리가 짓눌려 터진다. 이런 상황이라면 재생이 진행되지 않으므로 이를 방지해줄 필요가 있다.

전용 제품이 없던 시절에는 욕창 부위를 랩으로 씌운 후 테이프로 고정했다. 그 때문에 그런 방식을 **랩 요법**이라고도 했다. 현재, 이 치료법은 **습윤 치료**라는 이름으로 널리 알려져 전용 제품이 많이 발매되고 있다. 상처에 바르는 크림이나 최적의 커버 소재가 많이 있으므로, 이들을 조합하여 상처를 덮어준다. 작은 구멍이 뚫린 비닐 필름과 흡수재의 이중 구조로 된 제품이 많으며, 이것은 **상처를 젖은 채로 보호하고 여분의 점액은 구멍을 통해 바깥쪽으로 배출**하여 흡수한다. 이것을 젤 형태의 물질로 실현한 제품이나 항균성을 높인 제품 등도 개발되어 있으므로 담당 수의사와 상담하여 최적의 제품을 고르도록 하자.

한편, 사람용 제품은 상처가 충분히 살균 소독된 것을 전제로 설계되어 있으므로, 동물에게 유용하면 세균이 번식하여 실패한다. 임의로 판단하여 시판 제품을 붙이지 말고 담당 수의사에게 보인 후에 사용하도록 하자.

알아두면 편리한 소독 요령
– 여러 종류를 구분하여 실시한다

우리는 병원체를 죽이기 위해서 소독을 한다. 하지만 병원체는 너무 작아서 육안으로는 볼 수 없으므로 '소독 방식이나 약제가 적합한지', '제대로 소독하고 있는지'를 그 자리에서 알 수는 없다.

올바른 소독 지식이 없으면 엉뚱한 방법으로 '소독'해서 없애고 싶던 병원체가 남을 가능성이 있다.

소독 외에도 **제균(除菌), 살균(殺菌)**이라는 말이 있는데 각각 사용되는 방식이 애매하다. 어떤 것이든 '큰 폭으로 미생물을 죽여서 줄이는 것'이라는 의미이며, '완전히 하나도 남기지 않고 죽이는 것'이라는 의미로 정의되지는 않는다.

그에 비해 **멸균(滅菌)**이라는 것은 **온갖 미생물을 정말로 모두 없애는 것**으로, 수술 기구나 치료 물자 등은 멸균 처리를 한다.

일본 사회가 청결 지향이 된 지 오래되어, 제균, 살균이라고 쓰인 상품이 많지만, 이것이 **결코 만능이 아님**을 알아야 한다. 그중에는 꽤 효과가 약하고, 그것에만 의존하는 것은 역부족인 제품도 있다.

① 자비 소독

끓인 물로 **15분 이상** 냄비 등에 넣어 삶는다. 이걸로 일반적인 세포는 대개 죽지만, 일부 병원체는 견뎌낸다. 일상생활 속에서는 자비 소독(煮沸消毒)으로 충분하지만, 특수한 병이 의심될 때는 불충분할 가능성이 있다.

장점

- 약품이 남지 않는다.
- 천이나 요철이 있는 것도 속속들이 소독할 수 있다.

단점

- 불을 사용할 수 있는 상황에 한정되며, 큰 것은 냄비 등에 들어가지 않는다.
- 물과 고열에 약한 것에는 사용할 수 없다.
- 지속성이 없으므로 직후에 다시금 세균에 오염되면 안 된다.

② 소독액에 담그기

죽일 수 있는 균이나 바이러스의 범위는 소독액의 **종류**에 따라 다르다.

장점

- 천이나 요철이 있는 것도 빠짐없이 전부 처리할 수 있다.
- '약욕(藥浴)'으로, 살아 있는 동물에게 직접 사용할 수 있는 것도 있다.

단점

- 물에 약한 것에는 사용할 수 없다. 약품에 따라서는 사용할 수 없는 재질이 있다.
- 끝난 후 헹궈내지 않으면 유해한 성분이 잔류할 수 있다. 반대로, 성분이 남아 있으면 효과가 잠시 지속되는 것도 있다.

③ 소독액을 뿌린 후에 닦아내기

죽일 수 있는 균이나 바이러스의 범위는 소독액의 종류에 따라 다르다. 상당히 축축하게 적신 후에 잠시 그대로 놔두어야 하는 유형의 소독액도 있다. 사용 방법을 지키지 않으면 효과가 약해질 가능성이 있으므로 주의해야 한다.

- ① '자비 소독'이나 ② '소독액에 담그기'에 비해 압도적으로 간편하며 금방 끝난다.

단점

- 소독액이 뿌려지는 표면 외에는 효과가 없다. 천이나 요철이 있는 것에는 전체에 가 닿지 않는다.
- 반려인이나 반려견이 뿌린 소독액을 들이마시면 해로울 수 있다.

그 밖에도 의료용으로서는 '멸균'을 위해 가스나 방사선, 고압 증기를 사용하는데, 특수하고 고가의 기재가 필요하므로 일반인으로서는 접할 기회가 거의 없다.

한편, 자비 소독은 수고롭기 때문에 요새는 그다지 사용되지 않으며, **소독액에 담그기와 소독액 뿌리기가 주를 이룬다.** 소독액에는 다양한 종류가 있으며 목적에 따라 사용을 달리해야 하므로, 담당 수의사에게 물어보면 어떤 것을 사용해야 하는지 알려줄 것이다. 어떤 소독약이든 병원체의 종류에 따라서는 전혀 효과가 없을 수 있다.

물품을 소독하는 것뿐 아니라 개의 피부염이나 욕창에 의한 상처를 소독하는 것도 있다. 하지만 소독약이라는 것은 생물을 죽이는 것으로, 사람이나 반려동물에 사용하면 본래의 정상 세포마저 죽이고 만다. 상처가 생기면 곧장 소독을 해야 한다고 생각하기 쉽지만, 상처의 형태나 세포 감염의 정도에 따라서는 불필요하고 너무 강한 소독을 하면 좋은 세포도 많이 죽이게 되어 결과적으로 완치를 늦출 수도 있다.

한편, 많은 소독약은 대상이 오염되어 있으면 그 오염 물질과 반응해서 소독 성분이 전부 사용될 수 있다. 식기든 수건이든 반려견 자체든, 사전에 적절한 방법으로 더러움을 씻어내고 난 후에 소독하도록 하자.

상처를 방치해서 악화되면 낫기까지 비용과 시간과 수고와 고통이 기하급수적으로 는다. 상태를 수수방관하지 말고, 곧장 동물병원에 데려가 수의사에게 보인 후에 소독약의 선택과 사용 빈도를 확인받도록 하자.

🦴 소독액에는 다양한 종류가 있다

마키론

진찰을 받기 전에 간단히 소독해두고 싶을 때는 소량의 마키론을 뿌려주자.

차아염소산수

살균 능력은 염소와 동등하거나 그것보다 조금 높으며, 염소 가스도 나오지 않으므로 매우 사용하기 편한 것이 장점이다. 파나소닉의 공기 청정기 '지아이노'처럼 공중에 휘발시켜서 살포하는 제품도 있다.

포비돈 요오드

병원균인 단백질을 파괴해서 죽인다. 파괴했을 때 포비돈 요오드의 유효 성분도 소모되며, 점점 색이 옅어져 무색이 된다. 약국에서 파는 포비돈 요오드를 100배까지 희석해도 살균력이 떨어지지 않는다. 다만 심하게 고름이 나온 상처에 연거푸 바르면 유효 성분을 잃게 된다. 따라서 수돗물로 10배 희석해서 사용하기를 추천한다. 하지만 포비돈 요오드는 동물의 정상 세포도 죽이기 때문에 '그 상처의 부패·화농이 너무 심해서 정상 세포를 다소 희생하더라도 환부의 병원균을 죽여야 할 때' 사용한다. 크지 않고 얕은 상처, 병원균이 그리 많지는 않을 것 같을 때는 사용하지 않는다.

클로르헥시딘

유효 성분은 글루콘산 클로르헥시딘으로, 보통의 약국에서는 팔지 않는다. 필요에 따라 수의사가 처방해준다. 원액은 5% 수용액으로 분홍색이다. 10~100배로 희석해서 상처나 습진의 소독에 사용하는데, 농도는 수의사의 지시에 따라야 한다. 주로 지간염(趾間炎)이 생긴 발을 담가서 소독하는 데 사용한다. 몇 분간 담가둠으로써 살균 성분이 피부에 스며들고 살균 효과가 여섯 시간 정도 지속된다. 지속성만큼은 다른 것에 비해 뛰어나다.

제6장

10

밤에 짖기 시작했다면?

- 원인을 철저히 찾아봐도 해결이 안 된다면 진정제 투약도 고려하자

밤에 우는 현상은 인지 기능 장애가 진행되면 발생 확률이 높아진다. 앞에서 말한 바와 같이 심신에 자극을 계속 줌으로써 어느 정도는 예방할 수 있지만, 완전히는 막지 못한다. 특히 밤에 울면 이웃에 폐를 끼치거나 반려인의 편안한 잠을 방해하게 되므로 **이것을 이유로 안락사를 검토하는 경우도** 적지 않다.

밤에 우는 현상은 낮에 계속 잠을 잔 결과, 밤이 되면 반대로 기운이 돌아와 계속 울어대는 것이 전형적인 유형이다. 낮에 가족 중 한 명이라도 집에 있으면 종종 산책을 시키거나 놀아주는 등 낮잠을 재우지 않으면 밤에 잘 잘 수 있도록 유도할 수 있다. 물론, 이렇게 하는 것이 쉽지는 않다. 온종일 개와 함께 보낼 여유가 없는 경우가 많기 때문이다. 그래도 이것이 최선일 수 있으므로 가능한 범위 내에서 시도해보자.

또한 오감이 둔해져서 주변 상황을 파악할 수 없게 되고 그것이 불안해서 우는 경우가 있다. 이 경우에는 '**항상 같은 방 안에 있게 해준다.**', '**손이 닿는 옆에 눕히고 같이 잔다.**' 등의 방법을 사용하면 개가 안심하고 잠을 잘 때도 있다. 다만 증상이 심해지면 이것도 좀처럼 효과를 발휘하지 못한다.

결국 많은 경우, 진정제를 투여하게 된다. 진정제에는 여러 종류가 있는데, 작용이 비교적 온화하고 부작용이 적은 것을 담당 수의사에게 골라달라고 하여 밤에 먹인다. 100%는 아니지만 대개 상당히 억제할 수 있다. 다만 자연스러운 노쇠 현상을 약물로 억제하는 것은 마지막 수단이다. 무엇보다 주의해야 하는 것은 실은 **개가 고통이나 불만, 욕구**

를 느끼고 그것을 해결해주길 원해서 밤에 우는 것은 아닌지 여부다.

물이나 식사, 배설물 처리에 부족함은 없는가? 자세가 불편한 건 아닌가? 관절의 통증이나 욕창의 통증이 있는 것은 아닌가? 이와 같은 것을 놓치고, 간편하게 약으로 해결하려고 하지 않도록 아무쪼록 주의가 필요하다.

🦴 개의 인지 기능 장애의 증상

> ① **무반응·판단력의 저하**: 서성거린다. 하늘을 바라보며 멍하니 있는다. 평소에 가지 않는 곳에 간다.
> ② **기억 장애**: '손'이나 '엎드려' 등을 잊어버린다. 배설 장소를 착각한다.
> ③ **행동의 변화**: 의미가 없는 행동이나 같은 행동을 반복한다. 그다지 움직이지 않게 된다.
> ④ **사회성의 저하**: 반려인 등과 접촉하려 하지 않는다.
> ⑤ **수면·각성의 장애**: 야간에 서성거린다. 불안해한다. 화를 낸다. 조급해한다.
> ⑥ **자극에 대한 반응 저하**: 식사, 산책, 놀이에 흥미를 보이지 않게 된다.

14세 이상이라면 위의 증상 중 2개 이상 들어맞는 것이 70%이다. 한편, 사람용이긴 하지만 항산화 작용을 하는 영양제, 멜라토닌이나 항우울제를 사용할 때도 있다.

'가엽다'는 '편리한 말'로 도망치지 말자

암이나 죽을병에 걸린 개의 반려인에게 치료·투약·수술을 제안하면 반려인이 '수술이나 항암제는 너무 가엽다.'라고 말할 때가 많다. 그거야 물론 항암제의 경우 가끔은 강한 부작용이 나타나서 괴로울 수 있다. 처치를 중단할 때도 있다. 수술도 마취를 하긴 하지만 그 후에는 통증이 없는 건 아니다.

완치가 어려운 병의 치료는 생활의 질을 유지하는 것을 목표로 삼으며, 사람의 세계에서 자주 말하는 '호상(好喪)'을 목표로 한다. 제대로만 된다면 건강한 기간을 크게 늘릴 수 있다.

그런 것들을 시도해봐도 효과가 없고 반대로 고통이 늘어나기만 한다면 분명 가엽지 않을 수 없다. 모든 치료를 중단하고 자연스레 노쇠해서 죽어가는 것을 지켜본다는 것도 선택지 중 하나다. 하지만 아무것도 시도하지 않고 '이것저것 하는 것은 가여우니까……'라며 치료를 포기하는 것은 순서가 잘못된 것이 아닐까?

물론 경제적으로 부담이 되어 그런 식으로 말을 하는 경우도 적지 않다. 누구나가 돈을 무한정 쓸 수 있는 것은 아니므로 비용이 부담된다면 그렇다고 확실히 말하는 것이 좋다. 수의사는 지불할 수 있는 금액 범위 내에서 가장 좋다고 생각되는 방법을 생각해서 제안하게 된다. 다만 처음부터 '가여우니까…… (치료하고 싶지 않다.)'라는 말을 들으면 '아니, 치료하는 건 가여운 게 아니잖아요?'라고 따지고 싶어진다.

제 7 장

이별의 시간

반려인이 아무리 헌신적으로 보살핀다 해도 이별의 시간은 언젠가 반드시 찾아온다. 이는 살아 있는 생명체인 이상 피할 수 없는 일이다. 하지만 아무런 지식도 없이, 마음의 준비도 없이 반려견을 떠나보낸다면 깊은 후회가 남을지도 모른다. 제7장에서는 반려견을 잘 떠나보낼 수 있는 마음의 준비에 관해 이야기하겠다.

반려견과 반려인의 '노노(老老) 간병'
-반려동물은 혼자서는 살아갈 수 없다

인간 세계에서는 간호받는 쪽뿐 아니라 간호하는 쪽도 노인이라 살뜰히 보살필 수 없게 되는 이른바 '노노(老老) 간병' 문제가 대두되고 있다. 이와 마찬가지 문제가 반려동물의 세계에서도 나타나고 있다.

개업 수의사를 대상으로 한 경영 세미나에서는 '반려동물의 나이', '반려인의 나이', '사육 욕구가 있는 사람의 비율' 등을 데이터로 만들어 제시한다. 하지만 앞서 말했듯, **반려견 수는 감소하고 있다**(1-5 참조).

수의사 입장에서는 이슬을 먹고 사는 것은 아니기에 솔직히 좀 더 많은 사람이 반려동물을 키워주기를 바라는 마음도 있다. 하지만 우리 병원을 찾는 반려인들 중 많은 분들이 하는 말이 있다. '이제 나도 나이를 먹었고, 이 아이가 죽으면 더는 키우지 않을래요. 이제는 챙겨주는 것도 힘에 부치고……'라는 말이다.

핵가족화가 이뤄지지 않았다면 할아버지나 할머니, 노견, 노묘를 돌보는 일은 다음 세대가 맡았을 테지만 안타깝게도 지금의 일본에서 그런 세대는 보기 어려워졌다.

노견은 사람만큼 크거나 무겁지는 않지만, 몸이 약해져서 움직일 수 없게 되면 식사나 배설, 자세 바꾸기 등을 세심하게 도와줘야만 한다. 정작 닥친 후에야 갑작스레 병원을 찾아와 상담하는 반려인도 많다. 그럴 때는 서둘러 이런저런 지시를 하게 된다.

그렇지만 모든 것을 이상적으로 실천하는 것은 좀처럼 쉽지 않다. 그러니 **건강할 때부터 노견이 되었을 때를 예상하고 익숙해지기를 권한다.**

가령 바깥에서 키우는 개는 한여름이나 한겨울을 시작으로 한정적으로 실내에서 보내는 시간을 마련하거나 화장실용 장소를 실내에 설치하여 그곳에서 배설할 수 있도록 훈련하는 식이다.

반려견을 보살펴줄 사람이 부족하다면 미리 친척이나 자식에게 도움을 구해두는 것도 생각해볼 수 있다. 노견을 보살피려면 몸을 구부리거나 끌어안고 옮기는 경우가 많아지는데, 반려인의 허리나 무릎이 아프다면 그것도 쉽지 않다. 물론 적어도 **반려견이 이 세상을 떠날 때까지는 반려인 자신이 건강을 유지해야** 한다.

또한 5−3에서도 말했지만, 2층 건물의 단독 주택에서 현재 개가 1~2층을 자기 힘으로 이동하며 생활하는 경우 언젠가 계단을 오르내릴 수 없는 날이 온다. 따라서 개의 거점을 1층에 두고 그곳에서 모든 것을 해결할 수 있도록 준비하는 것도 중요하다. 만약 반려견과 함께 잠을 잔다면 침실을 반려견이 생활하는 1층으로 이동할 필요가 있다.

동물병원에 따라서는 사람과 마찬가지로 개의 종말 치료를 하는 호스피스 서비스를 제공하는 곳도 있다. 앞으로 그런 동물병원이 늘어나리라 예상하는데, 역시 비용이 상당히 들기에 마지막까지 돈을 쓸 수 있도록 건강할 때 자금을 모아두는 것도 잊어서는 안 된다. '**반려동물에 드는 비용의 90%는 마지막 1년 사이에 든다.**'라는 말은 사람의 의료비와 마찬가지다.

사람도 동물도, 나이를 먹을수록 환경의 변화에 잘 순응하지 못하게 된다. 최종적으로 어떤 스타일로 개의 노령기를 보살필 것인지를 생각하여, **그 스타일로 이행하는 습관을 이른 시점에 들이는 것이 중요하다.**

개에게 항암제를 쓴다고?

- 생활의 질을 유지하면서 연명할 수 있는 경우도 많다

개도 사람과 마찬가지로 다양한 종양이 생긴다. 이에 따라 지금껏 수많은 약이 개발되어왔다. 항암제는 모두 종양을 공격하는 약이지만 그 작용 시스템은 다양하여 정말로 죽이고 싶은 암세포에만 작용하는 것부터 정상적인 세포까지 손상시키는 것도 있다.

사람의 종양에서도 항암제의 부작용에 대해서는 의견이 갈린다. 자신이 암에 걸리더라도 절대로 항암제는 사용하지 않겠다는 사람도 있다. 하지만 항암제가 잘 맞으면 매우 효과적이며, 삶의 질을 유지하는 데 큰 도움이 될 수 있다.

우선 종양의 종류를 알아낸 단계에서 수의사로부터 치료에 관한 선택지를 제시받게 된다. 과거의 치료 예부터, 매우 잘 드는 약이 있는지, 사용해도 반반 정도의 효과인지, 그다지 효과를 기대할 수 없는지, 비용과 수고는 어느 정도 드는지, 완치를 기대할 수 있는지, 겨우겨우 연명하는 정도밖에 안 되는지 등이다.

또한 잘 풀린다면 어떤 미래가 기다리고 있는지, 전혀 효과가 없을 때는 어떤 경과를 거치게 될 것인지 등에 관한 설명도 듣게 된다.

항암제에 나쁜 인상을 갖고 있는 반려인은 이런 설명을 듣기 전에 딱 자르는 경우도 종종 있지만, 우선은 수의사의 설명을 제대로 들어보자. 제대로 풀리면 **삶의 질을 거의 건강한 몸과 가까운 수준으로 유지하면서 수개월에서 수년의 안정을 얻을 수 있는 예도 많다.**

항암제를 썼는데도 전혀 효과가 없는 채로 상태가 악화한다면 도중에 중단하고 보조 요법이나 완화 치료로 바꿀 수도 있으므로, 어느 정도 '승산'이 보이는 종양이라면 우선 해볼 만한 가치는 충분히 있다.

가장 피해야 하는 것은 개가 괴로워하는 상태 그대로 공연히 시간만 흐르게 하는 것이다. 이것은 반려인에게 가장 견디기 어려운 상황일 테지만, 수의사도 그것을 바라지 않는 것은 마찬가지다.

🐾 사람의 한 달과 개의 한 달은 다르다

'겨우 수개월의 연명이 무슨 소용이냐?'라는 사람도 있는데, 원래 개의 수명이 10여 년이기 때문에 개의 수개월은 **사람으로 볼 때 1~2년에 해당**한다. 그 시간을 고통 없이 즐겁게 살아갈 수 있다면 그 후 결국 악화하여 사망한다고 해도 **그 시간이 무의미한 것이라고는 할 수 없으리라**.

종양에 국한하지 않고, 언젠가 죽음에 이르게 되는 병에 걸린 개의 반려인은 자주 '그래도, 어차피 죽는 거잖아요?'라고 말한다. 그런 말을 들으면 더 할 말이 없게 되지만, 우리 또한 태어난 순간부터 약 80년에 걸쳐서 죽어가는 생물이다. '어차피 80년 후에는 죽으니까 어떤 치료도 의미가 없다.' 극단적으로 말하면 이런 말이 된다.

어쩔 수 없이 찾아오는 죽음, 또는 손쓸 도리가 없어서 안락사를 선택할 수밖에 없는 죽음은 언젠가 반드시 찾아온다. 그러나 죽음이 찾아오는 시간을 가능한 한 늦춰서 즐겁게 살아갈 수 있는 시간을 조금이라도 벌고자 하는 것은 **결코 무의미한 행위가 아니지 않을까?**

최종적으로 항암제를 사용할지 사용하지 않을지, 어느 정도까지 힘써볼 것인지는 반려인이 결단을 내릴 문제다. 수의사의 설명을 잘 듣고 충분히 생각한 후에 결정을 내리자.

먹지 못하게 된 개의 수액·위조루술
- 어디까지 할지는 반려인의 선택

의료 기술이 지금만큼 진보하지 않았을 때는 '고령자를 전력으로 치료해야 한다.'라는 것이 '원칙'이었으며, 이런 시절은 오래도록 이어졌다. 하지만 의료 기술이 현저히 진보한 현대에는 온 힘을 다해 치료한다면 꽤 오랫동안 연명할 수 있게 되었다. 신체 기능이 거의 멈추고 의식 또한 없더라도 위조루술(胃造瘻術)*이나 영양 수액을 통해 육체는 생존하게 만들 수 있다. 하지만 이것을 어디까지 할지는 인간의 경우라도 찬반 양론이 팽팽하게 맞선다. **본래 동물은 몸을 움직이지 못하게 된다면 그대로 쇠약사하는 것이 자연의 섭리다.**

내 가족이 '조금 더 오래 살아주길 바라는 것'은 당연한 마음이다. 하지만 최신식 고도 치료로 인해 '깔끔하게 죽을 기회'를 놓치고 의식도 없는데 매트리스 위에서 신체만 생존하는 일이 심심치 않게 벌어지는 것도 사실이다. 따라서 근래 들어서는 '위조루술은 하지 않는다.', '인공호흡기를 달지 않는다.' 등 치료의 상한선을 정하는 사람들도 있다. 그 직전에 가벼운 영양 수액 투여와 통증 관리까지만 하고 처치를 중단하기를 희망하는 것이다.

🐾 안락사에 대한 생각

여기부터는 수의사회 등의 공식 견해가 아니라 어디까지나 저자의 생각이다.

---

* 〈역자 주〉 식도 등에 문제가 있어서 음식을 먹을 수 없는 환자에게 영양을 공급하기 위해 환자의 위에 구멍을 뚫고 튜브를 연결하는 수술.

동물병원에서는 살인죄가 존재하지 않는다. 법률에 따른 제약도 받지 않고 치료에서 힘을 빼거나 중단하는 것은 반려인과 수의사가 결정할 수 있다. 물론, 최종적인 결정권은 반려인에게 있지만, 저자는 생물의 바람직한 끝이란 이른바 '호상'이라고 생각한다.

위조루술이나 수액, 산소(반려동물의 경우, 인공호흡기 장착은 현실적이지 않기에 산소 룸 마련)에 의존함으로써 개의 의식이 또렷하고 '아직 잠시 더 반려인과 즐겁게 살 수 있는 상황'이라면 해볼 만한 가치가 있다고 생각한다. 종양 절제 등으로 식도나 위의 기능을 잃었지만 신체의 다른 부분이 멀쩡하다면 위조루술을 시행하여 **몇 년이고 아무 탈 없이 지내기도** 한다.

하지만 노견의 경우 뇌나 육체 모두 기능이 떨어진 상태다. 아무리 생명 유지를 위해 처치한다고 해도 개의 의식 수준은 몽롱한 상태에서 개선되지 않는다.

이 상태에서 그저 생존 일수만을 늘리는 것은 '유의미한 생존'이라고 하기 어렵지 않을까? 보통의 노화로 인해 자연스레 의식이 멀어져가는 경우라면, 가족 모두가 지켜보는 자리에서 반려견을 보내주기 위한, 적절한 종말 치료를 결정하는 것이 좋지 않을까? 물론 수의사와 의논해서 결정해야겠지만 말이다. 반려인과 수의사의 최종 책임은 마지막 순간 **개가 순조롭게 '연착륙'하도록 도와주는 것**이라고 생각한다.

이때, 개가 너무 괴로워한다면 안락사라는 선택지도 생각하게 될 것이다. 이 선택도 결단을 내리는 분기점은 반려인에 따라 각기 다르지만, 어떤 생물이든 언젠가 죽게 되며 어느 정도는 괴로움을 겪는 법이다. 심한 고통이 너무 길어질 것 같다면 안락사를 제안하기도 한다.

마지막 순간에는 '내 강아지, 정말 고생했어.'라고 말하며 웃으며 보내주는 것이 좋으리라.

맺음말

최근 핵가족화와 맞벌이가 늘어남에 따라 나이가 많거나 병든 반려동물을 집에서 제대로 돌볼 수 있는 사람이 크게 줄고 있다. 그래서인지 피부에 욕창이 생기고 염증을 일으켜 도저히 수습할 수 없는 상태로까지 방치되는 개가 많아졌다.

한번 생긴 염증을 치료하려면 예방할 때보다 몇 배 더 많은 수고가 필요하다. 사실 대부분 그런 상태까지 가면 가파른 언덕을 굴러떨어지듯, 되돌릴 수 없다.

반려인에게 대처법을 설명하는 것도 큰 의미는 없다. 애초에 그렇게 할 수 있었다면 이런 상황이 빚어지도 않았을 것이기 때문이다. 결국 '좀 더 여러 가지로 할 수 있는 일이 있었을 텐데…….' 하는 후회를 남긴 채 반려동물의 죽음을 맞이하게 된다.

'직접 돌볼 수는 없어도 돈은 어떻게든 댈 수 있다.'라는 사람을 위해 호스피스 시설을 만드는 동물병원도 늘고 있다. 그러나 상당한 비용이 들기에 대부분은 집에서 반려견을 돌본다.

그러나 지금까지 내 눈으로 지켜보면서 '거의 만점'을 줄 만큼 잘 돌보는 예는 한 손에 꼽힐 정도다. 하나같이 반려인이 전업주부라 많은 시간을 쏟아부어 살뜰히 간호한 경우뿐이다. 반드시 전업주부일 필요는 없지만, 역시 어느 정도는 인원수가 갖추어진 집에 살면서, 반려동물뿐 아니라 사람이 아플 때도 서로 돕는 자세는 필요하구나 싶다.

솔직히 말하면 독신인 사람이 반려동물을 키우려면 상당한 각오를 해야 한다. 혼자서만 반려동물을 키우면 유사시 자신이 거의 돌보지 못하는 일이 많다. 그리고 꼭 필요하지도 않은 입원을 시켜야 하므로 비용이 더 많이 든다. 하지만 이것을 너무 대놓고 말하면 반려동물을 키우려는 사람이 줄어서 동물병원의 매출이 떨어질 것이다. 사실 이 부분이 고민되는 지점이다.

동물을 키우면서 '마지막까지 책임을 지고 보살폈다.'라고 염라대왕 앞에서 당당히 말할 수 있는 사람이 세상에 몇이나 있을까? 동물이 어리고 건강하고 애교가 많을 때는 누구든 예뻐한다. 문제는 동물이 나이 든 후다. 이 책 후반에서 다양한 테크닉을 소개했다. 하지만 이런 테크닉이 아무리 많아도 반려인이 직접 살뜰하게 보살피지 않으면 아무런 의미가 없다.

반려인 모두가 가장 좋은 방법으로 반려동물을 보살필 수는 없다. 그러나 부디 자신이 처한 상황에서 최선을 다하자.

내가 쓴 책『내 강아지 오래 살게 하는 50가지 방법』은 독립하여 동물병원을 개업하기 반년 전인 2009년에 출간되었다. 다행히도 그 책이 독자 여러분의 사랑을 받아서 얼마 지나지 않아 다음 책을 내자는 이야기가 나왔다. 하지만 이혼의 아픔과 불면 날아갈 것 같은 자영업 특유의 피로, 평생 마음의 양식으로 삼고자 했던 동물 애니메이션의 갑작스러운 방송 종료, 단순한 게으름 등으로 이렇게까지 늦어지고 말았다.

지난번 책에 이어 이번 책에도 멋진 일러스트를 그려주신 이토 가즈토(伊藤和人) 씨, 원고가 완성되기까지 참을성 있게 기다려준 과학서적 편집부의 이시이 겐이치(石井顕一) 씨에게 이 자리를 빌려서 감사와 사과의 말씀을 전한다.

2018년 1월
우스이 아라타

주요 참고 문헌

● 서 적

Stephen P. Dibartola/著, 宮本賢治/訳『小動物臨床における輸液療法』(ファ　ムプレス, 1996年)

William D. Fortney/著, 丸尾幸嗣/監訳『犬と猫の老齢医学』(インターズー, 2005年)

坂内祐美子/著『犬のホリスティックマッサージ』(インターズー, 2007年)

島田真美/著『基本からよくわかる犬と猫の栄養管理』(インターズー, 2009年)

Gregory K. Ogilvie, Antony S. Moore/著, 桃井康行/監訳『犬の腫瘍』(インターズー, 2010年), 『動物栄養学』(インターズー, 2013年)

藤永 徹/著『小動物のリハビリテーション入門』(インターズー, 2015年)

臼杵 新/著『イヌを長生きさせる50の秘訣』(한국어판 제목: 내 강아지 오래 살게 하는 50가지 방법』)(SBクリエイティブ, 2009年)

● 잡 지

소동물 외과 전문지『SURGEON』114号(インターズー)

동물 간호 전문지『as』Vol.25, No.8, 2013年 8月号(インターズー)

소동물 피부과 전문지『Small Animal Dermatology』37号, 2016年 1月号(インターズー)

협력

土居丈志(수의사)

색인

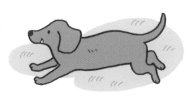

나이 들어도 내겐 영원히 강아지

1판 1쇄 인쇄　2019년 8월 13일
1판 1쇄 발행　2019년 8월 19일

지은이　우스이 아라타
옮긴이　박제이
펴낸이　이종호
편 집　김미숙
디자인　씨오디
발행처　청미출판사
출판등록　2015년 2월 2일 제2015-000040호
주 소　서울시 마포구 토정로 158, 103-1403
전 화　02-379-0377
팩 스　0505-300-0377
전자우편　cheongmipub@daum.net
블로그　blog.naver.com/cheongmipub
페이스북　www.facebook.com/cheongmipub
인스타그램　www.instagram.com/cheongmipublishing

ISBN　979-11-89134-10-5　03490

이 도서의 국립중앙도서관 출판예정도서목록(CIP)은 서지정보유통지원시스템 홈페이지
(http://seoji.nl.go.kr)와 국가자료공동목록시스템(http://www.nl.go.kr/kolisnet)에서
이용하실 수 있습니다.(CIP제어번호 : CIP2019030774)
* 책값은 뒤표지에 있습니다.